Android
アプリ開発
入門者のための教本

人気講師のコースがそのまま1冊に！

小林明大／北原光星／竹内一成
橋爪香織／山本昭弘
● 著

■サンプルファイルのダウンロードについて
本書に掲載のサンプルファイルは、弊社のウェブサイトからダウンロードできます。
詳細は iv ページをご覧ください。

本書で取り上げられているシステム名／製品名は、一般に開発各社の登録商標／商品名です。本書では、™ および ® マークは明記していません。本書に掲載されている団体／商品に対して、その商標権を侵害する意図は一切ありません。本書で紹介している URL や各サイトの内容は変更される場合があります。

はじめに

　本書は、OESF が提供する Android の『認定トレーニングコース』のテキストを元に監修しなおした書籍となっています。

　本書の著者達は、『Android 技術者認定試験制度』を提供する OESF という団体に所属し、Android の認定トレーニングにて受講者の前に立って最新の Android の開発について説明するエキスパートであったり、大学／専門学校にて Android のプログラミングを教える教師、企業の中で製品の開発を行う開発のプロフェッショナルです。

　開発の現場から得られた知見を元に得られた知識の集大成となっています。本書で Android プログラミングの基礎を習得し、新たなサービスの開発や、授業／就職等の助けに成れば幸いです。

■ 背景、本書の狙い

　モバイル（組み込み）／ネットワークの発達により、さまざまなサービスが提供され、その恩恵を受けることが可能になってきました。その裏側では、さまざまな企業や団体が自社のコアな技術やサービス、情報を使ってもらえるように、Web API（Application Programming Interface）を提供しており、それをアプリケーションから利用することでさまざまな情報や体験をユーザーに提供ができるようになっています。

　しかしながら、開発者目線で見た場合、多種多様なモノゴトを抑える必要が出てきています。

　例：　クライアントプログラミング（スマートフォン、スマートウォッチ、Web フロントエンド、車載）
　　　　サーバーサイドプログラミング、ネットワーク、セキュリティ、データストア、パフォーマンスなど

　上記の例からもわかるように、クライアントサイドのプログラミングと一口に言っても、非常に多くの要素が求められるようになってきています。スマートフォン以外のことを考慮した

アプリケーションをつくり上げるのは容易ではありません。

本書では、Android スマートフォンのプログラミングについて取り上げます。まずは本書を通して、他社から公開されている WebAPI を使った、一つのアプリケーションを作り上げることを身につけられることを目指していきましょう。

他の Android の書籍では、Android の全てを説明しようとしているような物が散見されますが、本書の狙いとしては、先にもあげたように一つのアプリケーションをつくり上げることです。学習のために全てのコンポーネントや機能については説明しません。

来年以降に発行予定の、タブレット編（マルチデバイスへの対応方法や、高度な UI 設定）、クラウド連携編（Google API や、広告、データ収集等）をお待ちください。

■ 開発環境

本書で扱う環境は、以下のとおりです。

開発用 PC	Windows 7
スマートフォン	Android OS 4.4.2 以上（2.x 系でも動作）

上記にあげた以外の環境では、スクリーンショットやディレクトリのパス等が影響を受けることがありますが、Windows 8、Mac や Linux などでも開発は可能です。

■ 実習用プロジェクトのダウンロードの仕方

本書に掲載している実習用プロジェクトファイルは下記 URL からダウンロードできます。

http://cutt.jp/books/978-4-87783-351-0/

ダウンロードした zip ファイルを展開し、その中にある index.html を開いてください。そこからリンクをたどると、各章の実習のプロジェクトファイルが得られます。

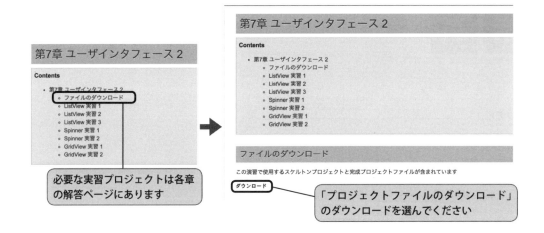

> NOTE
>
> **OESF について**
>
> OESF（Open Embded Software Foundation）とは、Android スマートフォンが日本で発売されるより以前から Android の将来性を予見し、設立された社団法人です。Android を組込みシステムのプラットホームとし、携帯電話以外のさまざまな機器・システムに対して、共通フレームワークやプラットホームを参加会員各社で共同開発し、その普及を促進することを活動目的としています。
>
> http://www.oesf.jp/

はじめに..iii

■第1章　Androidとは……1

1.1　Androidとは..2
1.1.1　Androidとは何か............2
1.2　Androidのバージョン..3
1.2.1　Androidのバージョンと新機能............3
1.2.2　AndroidのバージョンとAPIレベル............5
1.3　バージョン4.0以降の新機能..6
1.3.1　Fragment............7
1.3.2　ActionBar............7
1.3.3　SystemBar............7
1.4　Androidをとりまく環境..8
1.4.1　Java SDK............8
1.4.2　Android SDK............8
1.4.3　Eclipse ADT............8
1.4.4　Android Studio............8
1.5　Androidのアーキテクチャ..9

■第2章　Androidコンポーネント……11

2.1　主要コンポーネントとインテント..12
2.1.1　Activity............12
2.1.2　Service............15
2.1.3　BroadcastReceiver............17
2.1.4　ContentProvider............19
2.1.5　Intent............20
2.2　FragmentとActionBar..22
2.2.1　Fragment............22
2.2.2　ActionBar............25

■第3章 セットアップ……31

3.1 Android アプリケーションの開発環境を準備する ... 32
3.1.1 PC の開発環境 ... 32
3.1.2 各ツールのインストール ... 33
3.1.3 開発環境の構築 ... 33

3.2 環境変数の設定 ... 44
3.2.1 環境変数の登録の仕方 ... 44

3.3 エミュレータの作成 ... 47
3.3.1 エミュレータと AVD ... 47
3.3.2 AVD を作成する ... 50
3.3.3 AVD を起動する ... 52

3.4 実機を使ってデバッグする ... 53
3.4.1 事前準備 ... 53
3.4.2 設定方法 ... 53

■第4章 開発ツールの使い方……57

4.1 アプリケーションの作成 ... 58
4.1.1 アプリケーションの完成イメージ ... 58
4.1.2 Android プロジェクトの作成 ... 59
4.1.3 アプリケーションの実行 ... 62

4.2 画面デザインの変更 ... 64
4.2.1 リソースファイルとは ... 64
4.2.2 画面デザインを作成する ... 66
4.2.3 リソースファイルの画面作成の仕組み ... 81
4.2.4 レイアウトリソースファイルの tools 属性について ... 82
4.2.5 文字列リソースの変更 ... 84

4.3 Fragment を使ったアプリケーションの作成 ... 91
4.3.1 HelloWorld の Fragment 対応 ... 91
4.3.2 Android プロジェクトの作成 ... 92
4.3.3 アプリケーションの実行 ... 100

4.4 AndroidManifest ファイル ... 101
4.4.1 マニフェストファイルとは ... 101
4.4.2 マニフェストファイルの変更 ... 102

4.5 ログの参照 ... 109
4.5.1 Android アプリケーションのデバッグ ... 109
4.5.2 DDMS デバッグ機能 ... 110
4.5.3 アプリケーションログの出力 ... 111

■第5章　ユーザーインターフェース（1）……115

- 5.1 View 116
  - 5.1.1 Viewの例 116
  - 5.1.2 Viewプロパティ 117
- 5.2 Viewの作成 117
  - 5.2.1 TextView 118
  - 5.2.2 EditText 124
  - 5.2.3 Button 126
  - 5.2.4 ボタンをクリックする 127
  - 5.2.5 onClickメソッドでクリックしたビューを判断する方法 133
  - 5.2.6 ［実習］Buttonの作成 134
  - 5.2.7 ButtonにOnClickListenerを実装する方法 134
  - 5.2.8 CheckBox 136
  - 5.2.9 ImageView 138
  - 5.2.10 ProgressBar 140
- 5.3 ViewGroup 142
  - 5.3.1 LinearLayout 143
  - 5.3.2 ScrollView 145
  - 5.3.3 FrameLayout 147
  - 5.3.4 RelativeLayout 149
- 5.4 OptionMenu 155
  - 5.4.1 OptionMenuの使い方 155
- 5.5 Toast 158
  - 5.5.1 Toastの使い方 158
- 5.6 AlertDialog 159
- 5.7 まとめ課題 161

■第6章　画面遷移……163

- 6.1 シンプルな画面遷移 164
  - 6.1.1 画面遷移する方法 164
  - 6.1.2 インテントを使用して、画面遷移を行う 165
  - 6.1.3 ［実習］画面遷移（1） 166
- 6.2 遷移元の画面に戻る 172
  - 6.2.1 Activityの終了方法 173
  - 6.2.2 ［実習］画面遷移（2） 173

6.3 画面遷移の連携 175
6.3.1 データの渡し方 175
6.3.2 ［実習］画面遷移（3） 176

6.4 遷移先画面から終了結果を受け取る 179
6.4.1 結果を受け取る方法 179
6.4.2 ［実習］画面遷移（4） 181

6.5 暗黙的 Intent 183
6.5.1 暗黙的 Intent を使用する 184
6.5.2 ［実習］暗黙的 Intent 185

6.6 まとめ課題 188

■第 7 章　ユーザーインターフェース（2） ……191

7.1 ListView 192
7.1.1 ListView の使い方 194
7.1.2 ［実習］ListView（1） 197
7.1.3 一覧のアイテムを選択する 198
7.1.4 ［実習］ListView（2） 199
7.1.5 ListView のカスタマイズ 200
7.1.6 ［実習］ListView（3） 205

7.2 Spinner 206
7.2.1 Spinner の使い方 207
7.2.2 ［実習］Spinner（1） 212
7.2.3 Spinner を選択する 215
7.2.4 ［実習］Spinner（2） 217

7.3 GridView 217
7.3.1 GridView の使い方 218
7.3.2 ［実習］GridView（1） 223
7.3.3 ［実習］GridView（2） 224

■第 8 章　Web サービス連携 ……227

8.1 Web サービスに接続する 228
8.1.1 HTTP 通信の仕方 228
8.1.2 ［実習］HTTP 通信（1） 231

8.2 レスポンスデータから必要な情報を取得する 235
8.2.1 レスポンスデータから文字列を取得する方法 235

		8.2.2 ［実習］HTTP 通信（2）	236
	8.3	**WebAPI**	**237**
		8.3.1 WebAPI を使った通信の仕方	238
		8.3.2 WebAPI パラメータ	239
		8.3.3 WebAPI を使った HTTP 通信の実装方法	239
		8.3.4 ［実習］HTTP 通信（3）	241
	8.4	**JSON**	**244**
		8.4.1 JSON の構造	244
		8.4.2 JSON の書式	245
		8.4.3 JSON の解析	246
		8.4.4 ［実習］JSON	248

■第 9 章　データベース……255

	9.1	**SQLite**	**256**
		9.1.1 SQLite のデータ型	256
		9.1.2 カラムに指定するデータ型	257
		9.1.3 Android で SQLite を操作する	258
		9.1.4 データベースを作成する	258
		9.1.5 テーブルを作成する	258
		9.1.6 データベースとテーブルを作成する	258
		9.1.7 ［実習］データベースの作成	263
	9.2	**sqlite3**	**266**
		9.2.1 ［実習］sqlite3 を使ったデータベースの操作	267
	9.3	**データの検索**	**269**
		9.3.1 データを検索する方法	269
		9.3.2 全件検索する	270
		9.3.3 ［実習］データの全件検索	270
	9.4	**データの追加**	**274**
		9.4.1 ［実習］データの追加	275
	9.5	**レコードの内容を取得する**	**280**
		9.5.1 ［実習］取得データを表示する	281
	9.6	**データを一覧表示する**	**283**
		9.6.1 実装方法	283
		9.6.2 ［実習］データの一覧表示	285
	9.7	**条件検索**	**288**
		9.7.1 ［実習］条件検索	289

9.8	データの更新	293
	9.8.1 ［実習］データの更新	294
9.9	データの削除	299
	9.9.1 ［実習］データの削除	300

■第10章 アプリケーションの公開……303

10.1	公開前の準備	305
	10.1.1 鍵の作成から署名付きアプリの作成まで	306
	10.1.2 署名	310
10.2	開発者登録	311
10.3	アプリ登録	316
	10.3.1 apkファイルの登録	317
	10.3.2 ストアの掲載情報の登録	318
	10.3.3 価格と販売/配布地域の登録	320
	10.3.4 アプリケーション（アルファ版）のダウンロード	321
10.4	一般公開	322
	10.4.1 製品版への移行	322
	10.4.2 さらに良い製品を提供するために	323
	10.4.3 最後に／応用編に向けて	327

■付　録　演習問題解答……329

索　引 408

第1章
Android とは

1.1 Android とは

1.1.1 Android とは何か

　Android は、スマートフォンやタブレットを主要なターゲットとして Google によって作られた Linux ベースの OS です。Apple の iPhone や iPad とよく比較されますが、Android はスマートフォンやタブレット以外のハードウェアにも使用することができるところが違います。オープンソースであるため、さまざまなハードウェアに組み込むことができるので、スマート家電の OS としても使われています。

　また、ハードウェアに組込まれているタッチパネルや GPS、カメラ、ジャイロなどの豊富なセンサーやデバイスを利用したアプリケーションも多数作られています。

　2014 年現在、Android はスマートフォン OS シェア第 1 位です。

図1.1●ハンドセット、タブレット

1.2 Androidのバージョン

1.2.1 Androidのバージョンと新機能

　Androidは、バージョンアップとともにさまざまな新機能をサポートしてきました。頻繁なバージョンアップがユーザーに高機能な端末をいち早くリリースすることを可能にしてきました。しかし、それは同時に、アプリケーション開発者にとってはアプリケーションのメンテナンス頻度が上がるため、作業が増えてしまう原因にもなっています。

　最初の頃は頻繁にアップデートを行っていますが、現在は1年に1回ぐらいまでに落ち着いています。

　各バージョンでサポートされた機能の一覧を、表1.1から表1.4に示します[1]。

表1.1●Android 2.x系

バージョン	コードネーム	APIレベル	リリース	新機能
2.0/2.1	Eclair	5、6、7	2009/10/26（2.0） 2009/12/3（2.0.1） 2010/1/12（2.1）	・マルチタッチ ・LiveWallPaper ・Bluetooth
2.2	Froyo	8	2010/5/21	・Dalvik VMにJITコンパイラを搭載（2〜5倍高速化） ・クラウドとデバイスの連携API（C2DM） ・テザリング対応 ・Adobe Flash対応 ・インストール済アプリの自動更新
2.3	Gingerbread	9、10	2010/12/6	・ゲームのための改良 ・並列GC（目標3ms以下の停止） ・NFC（近距離無線通信）対応 ・複数のカメラを扱えるAPIの追加 ・SIPの標準サポート ・バッテリー管理機能の向上

---

†1　これらの表は「ウィキペディア - Wikipedia」より作成しました。なお、原文を一部改変しています。

表1.2●Android 3.x系

バージョン	コードネーム	APIレベル	リリース	新機能
3.0	Honeycomb	11	2011/2/22	・大型ディスプレイに最適化 ・タブレット専用となった ・マルチコアプロセッサのサポート
3.1	Honeycomb	12	2011/5/10	・ユーザーインターフェースの改善 ・オープンアクセサリAPI ・USBホストAPI ・マウス、ゲームパッド、ジョイスティックからの入力 ・ホームスクリーンウィジェットのサイズ変更
3.2	Honeycomb	13	2011/7/15	・広範囲なタブレット向けの最適化 ・SDカードに対してのメディア同期 ・スクリーンサポートの拡張

表1.3●Android 4.x系

バージョン	コードネーム	APIレベル	リリース	新機能
4.0	Ice Cream Sandwich	14、15	2011/10/8	・ハンドセットとタブレットのUIの統合 ・Android Beam ・WiFi Direct ・Bluetooth Health Device Profile ・Notificationの向上 ・ロック画面でカメラと音楽の操作 ・ランチャーのアプリ管理の改善 ・画像や動画のエフェクト ・正確なカメラの測光、顔認識
4.1	Jelly Bean	16	2012/6/27	・Systrace ・アクセシビリティの拡張 双方向テキスト対応 ・Unicode 6.0の絵文字対応 ・Notificationの拡張 ・リサイズ可能なアプリウィジェット ・ライトアウト・フルスクリーンモードへの遷移API ・Remoteable Viewの追加 ・デバイスの追加と除去の検知 ・Android Beamの改善

バージョン	コードネーム	APIレベル	リリース	新機能
4.2	Jelly Bean	17	2012/11/13	・マルチアカウント ・クイック設定 ・フォトギャラリーのアップデート ・360度撮影 ・ジェスチャ文字入力 ・Google Play以外からインストールするアプリにもマルウェアスキャン
4.3	Jelly Bean	18	2013/7/24	・描画処理の高速化 ・OpenGL 3.0対応 ・バッテリー節約 ・SELinux対応 ・Wi-Fiに接続することなく、Wi-Fiによる位置情報取得
4.4	Kitkat	19	2013/10/31	・ART仮想マシンの導入 ・512MB DRAM対応 ・NFCがHost Card Emulation対応 ・印刷フレームワーク ・Chromium WebView ・メモリー使用量解析
4.4W	Kitkat	20	2014/7/21	・Android Ware用API ・主にLG G WatchとSamsun Gear Live用

表1.4●Android 5.x系の新機能

バージョン	コードネーム	APIレベル	リリース	新機能
5.0	Lollipop	21	2014/10/15	・マテリアルデザイン ・OpenGL ES 3.1対応 ・64bit ABIs対応 ・Android Smart Lock ・Project Voltaによるバッテリー管理機能 ・マルチネットワーク対応 ・印刷プレビュー機能対応

1.2.2 AndroidのバージョンとAPIレベル

　Androidの各バージョンには、API（Application Programming Interface）レベルが割り当てられています。APIレベルとは、Androidが提供するフレームワークAPIを識別する整数値のことです。Androidアプリケーションでは、バージョンではなくAPIレベルで設定を行う場合があるので注意してください。

AndroidのバージョンとAPIレベルは次のとおりです。

表1.5●バージョンとAPIレベル（2014年11月時点）

バージョン	APIレベル	コードネーム
Android 1.0	1	BASE
Android 1.1	2	BASE_1_1
Android 1.5	3	CUPCAKE
Android 1.6	4	DONUT
Android 2.0	5	ECLAIR
Android 2.0.1	6	ECLAIR_0_1
Android 2.1.x	7	ECLAIR_MR1
Android 2.2.x	8	FROYO
Android 2.3、2.3.1、2.3.2	9	GINGERBREAD
Android 2.3.3、2.3.4	10	GINGERBREAD_MR1
Android 3.0.x	11	HONEYCOMB
Android 3.1.x	12	HONEYCOMB_MR1
Android 3.2	13	HONEYCOMB_MR2
Android 4.0、4.0.1、4.0.2	14	ICE_CREAM_SANDWICH
Android 4.0.3、4.0.4	15	ICE_CREAM_SANDWICH_MR1
Android 4.1、4.1.1	16	JELLY_BEAN
Android 4.2	17	JELLY_BEAN_MR1
Android 4.3	18	JELLY_BEAN_MR2
Android 4.4	19	KITKAT
Android 4.4w	20	KITKAT Wear
Android 5.0	21	LOLLIPOP

1.3 バージョン4.0以降の新機能

　Android OSは、バージョン3.0以降で正式にタブレットに対応しています。また、バージョン4.0以降ではハンドセット（スマートフォン）とタブレットをUI統合しています。

1.3.1　Fragment

Fragmentは、画面サイズの異なるさまざまな端末に1つのプログラムで対応できるようにするための仕組みです。詳細は、第2章で説明します。

1.3.2　ActionBar

ActionBarはFragmentとセットで使います。ActionBarは画面上のタイトルバーの部分に表示されます。ActionBarを利用することで、タブレットとハンドセットのプログラムを同一にすることができるようになりました。詳細は第2章で説明します。

1.3.3　SystemBar

SystemBarは、バージョン2.xまではハードボタンでしたが、現在はソフトボタンとなっています。これにより、普段は表示しておき、ゲームをしたりビデオを観たり読書するなど、フルサイズで画面を使いたいときはLowProfileモードにして画面を有効に使うことができるようになりました。

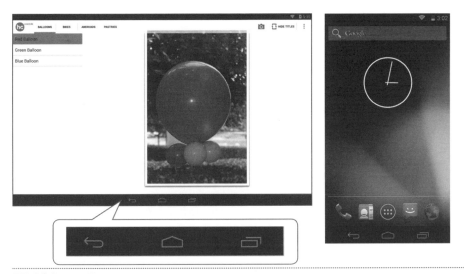

図1.2●SystemBar

1.4 Androidをとりまく環境

Androidのアプリケーション開発環境について簡単に説明します。

1.4.1 Java SDK

AndroidはJava言語で開発するため、JavaSDK（Software Development Kit）を入れる必要があります。Javaを入れることでコンパイルをすることができます。

1.4.2 Android SDK

Androidアプリを作成するためのSDKです。これとJavaSDKを使ってアプリケーションをビルドします。

1.4.3 Eclipse ADT

開発統合環境（IDE）と言われています。開発プロジェクトの作成、画面デザイン、ソースコード（ボタンクリック時の処理）を書きます。
ビルドをしてアプリを作成したり、アプリケーションの起動、デバッグを行います。

図1.3●Eclipse

1.4.4 Android Studio

Eclipse ADTも十分使いやすいのですが、Android Studioもとても使いやすいIDEです。Eclipse ADTとの大きな違いを次に挙げます。

- Build SystemがGradle準拠している。
- multiple-APKを作ることができる。

- レイアウトエディタや XML コードが見やすくなっている。
  - リソースの参照が文字として見える。
- NDK を使うことは現在（2014/10/4）できない。

図1.4●Android Studio

1.5 Android のアーキテクチャ

Android は 5 つの要素で構成されています。

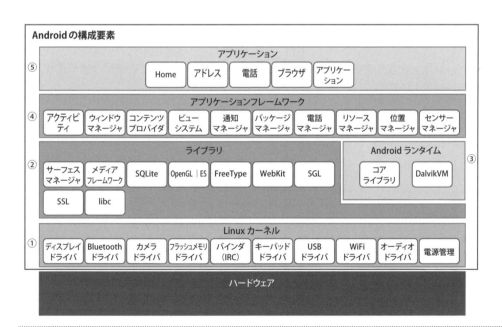

図1.5●Androidのアーキテクチャ

① Linux カーネル層

Linux カーネルをベースとなっています。メモリやプロセル管理、ファイルシステム、セキュリティといった基本的なことに加えて、電源管理、Binder、WakeLock など Android 用に変更をしています。Android 4.1（Jelly Bean）からはカーネル 3.1 がベースとなっています。Android 4.4（KitKat）では 3.4 がベースとなっています。

② ライブラリ層

C/C++ で作成されたライブラリ群です。SQLite（データベース）、OpenGL/ES、WebKit（ブラウザ）などのライブラリがあります。

③ Android ランタイム層

Android アプリケーションは仮想マシン（Dalvik VM）上で動作しています。ランタイムはこの層で実行されます。

④ アプリケーションフレームワーク層

Android アプリを動作させるための Java API ライブラリです。

⑤ アプリケーション層

実際のアプリケーションです。具体的には Web ブラウザや電話、メーラーなどのアプリケーションとなります。本書で作成するアプリケーションもこの層に含まれます。

第 2 章

Android コンポーネント

2.1 主要コンポーネントとインテント

Android の特徴として、4つのコンポーネントとインテント、フラグメントがあります。

- Activity
- Intent
- Broadcast
- Service
- Content Provider

2.1.1 Activity

Android の画面は、Activity の上にボタンやテキストフィールドを載せることによって作られます。Activity の状態は複数あり、操作によって変化します。Activity の状態は3種類定義されています。

フォアグラウンド状態　　Activity が表示されていて、カーソルがあたっている状態です。
バックグラウンド状態　　Activity が別の Activity によって隠されている状態です。
ビジブル状態　　　　　　Activity が表示されているが、操作できない状態です。

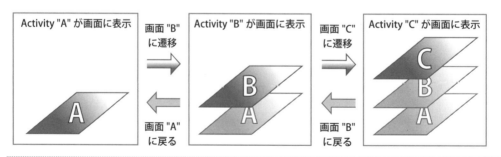

図2.1●Activityの状態

Activity にはライフサクルがあり、生成から破棄までの間に、実行中、一時停止中、終了、

プロセス破棄といった状態があります。

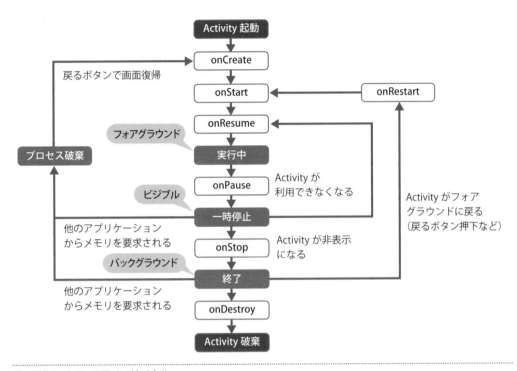

図2.2●Activityのライフサイクル

表2.1●Activityのイベント

イベント名	内容
onCreate	最初の起動時に発生するイベント
onStart	Activityが表示される直前に発生するイベント
onResume	Activityが利用可能な状態（アクティブ状態）になる直前に発生するイベント
onPause	Activityがビジブルになる直前に発生するイベント
onStop	onPauseの後、Activityが非表示の状態になった場合に発生するイベント（メモリ不足の状態ではイベントが発生しない場合がある）。HoneyComb以降はonStopは呼ばれることが保証されています。
onRestart	終了状態のActivityが再度表示される際に発生するイベント
onDestroy	Activityが破棄される直前に発生するイベント（メモリ不足の状態ではイベントが発生しない場合がある）

Activityの通知イベントに関する注意

onStopイベントやonDestroyイベントは、必ず通知されるというわけではありません。例えば、Androidはメモリ不足の状態になると使用していないアプリケーションプロセスを強制終了しますが、そのとき、Activityのライフサイクルではonstopやondestroyは通知されることが保証されていません。

必ず実行しなければならない処理はonPauseで行う必要があります。

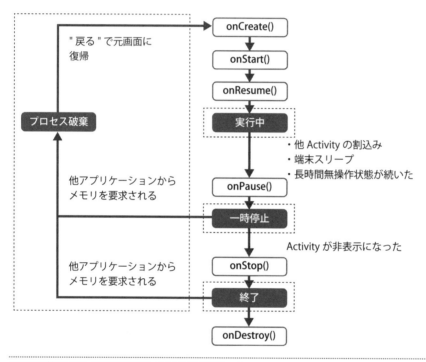

図2.3●使用可能メモリが不足した場合の遷移ルート

2.1.2　Service

　長時間バックグラウンドで実行して欲しいプログラムはサービスを使います。UIを持たず、他のアプリケーションが実行中であってもバックグラウンドで常駐プログラムのように使うことができます。

サービスの例
- 音楽再生
- ネットワーク通信
- GPSなどのロケーション情報
- タイマー／アラーム

図2.4●サービスの例

startService と bindService

　startServiceで起動するサービスと、bindServiceで起動する2種類のサービスがあります。

　startServiceで起動するサービスは自立的にバックグラウンドで起動するのに対し、bindServiceで起動するサービスはプロセス間通信による相互通信を行うことができます。

　また、startService()はどのコンテキストでも呼び出せますが、bindService()はBroadcastReceiverのコンテキストからは呼び出せないといった特徴があります。

Service のライフサイクル

onCreate と onStartCommand、onDestroy の 3 つのメソッドがあります。onStartCommand は起動するたびに呼ばれます。他の 2 つのメソッドは、オブジェクトの生成と破棄の際に 1 回だけ呼び出されます。

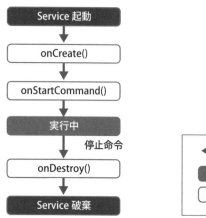

図2.5●サービスのライフサイクル

表2.2●Serviceのイベント

イベント名	内容
onCreate	最初の起動時に発生するイベント
onStartCommand	サービスが起動される前に発生するイベント
onDestroy	サービスが破棄される前に発生するイベント

BindService のライフサイクル

onCreate と onBind、onRebind、onUnbind、onDestroy の 5 つのメソッドがあります。onBind はバインド（接続時）、onUnbind はバインド解除（切断時）に呼び出されます。onRebind メソッドは、一旦 Unbind してから再接続する場合に利用することができます。使う際は onUnbind メソッドの返り値を true に設定します。

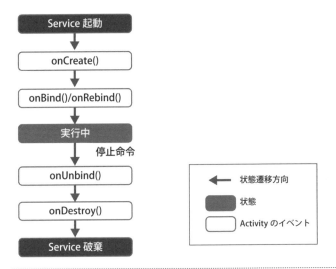

図2.6●BindServiceのライフサイクル

表2.3●BindServiceのイベント

イベント名	内容
onCreate	最初の起動時に発生するイベント
onBind	サービスがバインド（接続）する前に発生するイベント
onRebind	サービスが再接続する前に発生するイベント
onUnbind	サービスが切断する前に発生するイベント
onDestroy	サービスが破棄される前に発生するイベント

2.1.3 BroadcastReceiver

BroadcastReceiverは、Androidに「何か」が起きたことを合図に自分のアプリケーションを実行させたいという場合に使用します。例えば、Playstoreからアプリケーションがインストールされた場合、自分のアプリケーションを起動するということができます。

- 「電池が少ない」「WiFiが繋がった」「起動した」といったシステムイベントに応答することができます。
- 全てのアプリケーションに通知されます。通知されたブロードキャストを使うかはアプリ

ケーション次第です。

- 独自のブロードキャストを受け取ったり、独自のブロードキャストインテントを投げることができます。

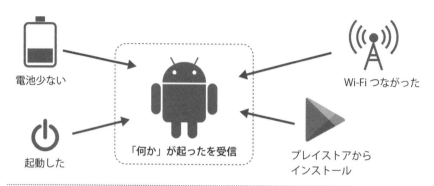

図2.7●システムイベントを受信

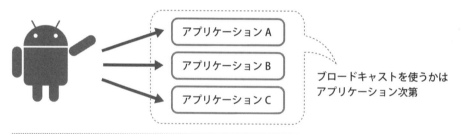

図2.8●全てのアプリケーションに通知

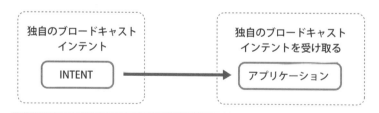

図2.9●独自のブロードキャスト

BroadcastReceiver の使用例

Android 端末起動時にメールをチェックする場合、

- ブロードキャストレシーバで Android 端末起動完了時のブロードキャストインテントを受信する。
- ブロードキャストレシーバからメールチェックサービスを呼び出す。

このようにすることで Android 端末起動時にメールをチェックすることができます。

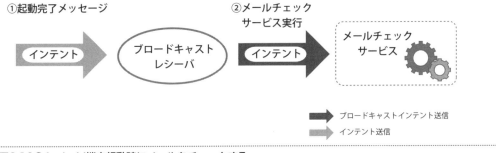

図2.10●Android端末起動時にメールをチェックする

2.1.4 ContentProvider

ContentProvider（コンテントプロバイダ）を利用することで、各アプリのデータを互いに交換することができます。これは、あるアプリケーションが保持しているデータに他のアプリケーションからアクセス（検索、追加、更新、削除）できるようにする仕組みで、例えば、音楽データを利用することでさまざまな音楽プレイヤーを作ることができたり、画像データを利用することで、さまざまなギャラリーアプリを作ることができます。

 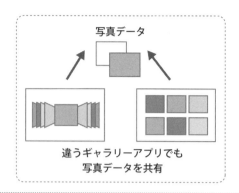

図2.11●ContentProviderを利用したデータの共有

2.1.5 Intent

　Intentを利用することで、各アプリを起動することができます。カメラアプリを起動したり、音楽プレイヤーアプリを起動したり、電話アプリを起動したり、地図アプリを起動したり、メールアプリを起動したりとできます。

　これを利用することで、カメラアプリや音楽プレイヤーアプリを作る必要がなくなったり、自作アプリを作る場合も、機能ごとに簡単に切り分けることができます。

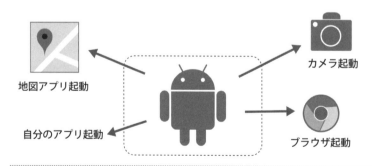

図2.12●Intentを利用したアプリの起動

Intentによりコンポーネントを呼び出す

　コンポーネントAからコンポーネントBを呼び出す場合は、次のようになります。

- コンポーネント A から、呼び出し先コンポーネント B の情報を含めて、Android OS に呼び出しを依頼する。
- Android OS がコンポーネント B を起動する。

図2.13●Intentによるコンポーネントの呼び出し

暗黙的な Intent

呼び出し先のコンポーネントを指定せず、アクションのみを指定する方法です。例えば、「カメラを起動する」や「電話をかける」といった指定をします。主に他アプリケーションのコンポーネントを呼び出す場合に使用します。

起動するコンポーネントは各アプリケーションの設定情報から Android が決定します。

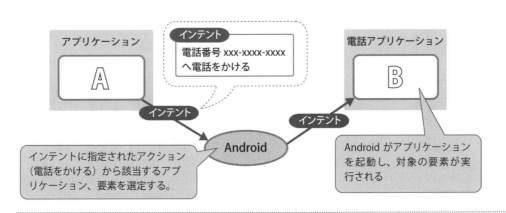

図2.14●暗黙的なIntent（電話をかける）

2.2 Fragment と ActionBar

2.2.1 Fragment

　Fragment は、今まで Activity だけで構成されていたユーザーインターフェースの機能を、使い回しのできる部品としてロジックとともに切り出したものです。

　Android 3.0（API レベル 11）以降の Fragment の登場により、アプリケーション開発（特にユーザインタフェース部分）の設計手法が大きく変わりました。例えば、今まで多くのビューを持っていた Activity は、Fragment だけを持つコンテナになります。また、複数の Actvity や他のアプリケーションの Activity で再利用することが可能になります。

■ Fragment の特徴

　Fragment は前の節で説明したマルチペイン機能を実現させるために導入された仕組みでもあります。Activity だけの場合と、Fragment を利用した場合の構成の違いを図で確かめてみましょう。

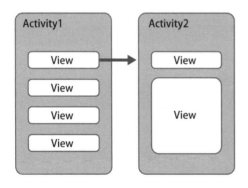

図2.15●2.x系の画面構成

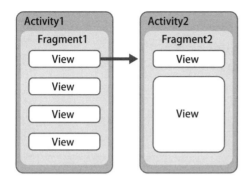

図2.16●3.x系以上のハンドセット画面構成

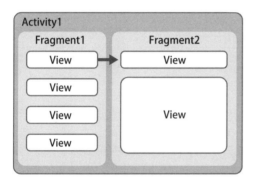

図2.17●3.x系以上のタブレット画面構成

　これらの図からわかるように、Fragmentは常に1つのActivity上に存在します。
　Fragmentは独自のライフサイクルを持っていますが、Activityのライフサイクルに直接影響を受けます。ただし、Activityがアクティブである間は、動的にFragmentを追加したり削除したりすることができます。

≣ Fragmentのライフサイクル ≣

　Fragmentクラスには、ライフサイクルに応じてコールバックされるイベントメソッドが実装されています。
　Fragmentのライフサイクルのイベントメソッドを以下の表に示します。Activityのライフサイクルにより、Fragmentの状態も決まります。表に示したActivityのイベントメソッドが呼ばれると、それに続くFragmentのイベントメソッドが呼ばれる仕組みになっています。

表2.4●Fragmentのライフサイクル

Activity	Fragment	呼び出しのタイミング
Created	onAttach	Activityと関連付けされたとき
	onCreate	Fragmentが作成されたとき
	onCreateView	Fragmentに関連付けされるビュー階層を作成するとき
	onActivityCreated	Activity#onCreaateが完了したとき
Started	onStart	Fragmentが表示される直前
Resumed	onResume	Fragmentが利用可能になる直前
Paused	onPause	Fragmentがビジブルになる直前
Stopped	onStop	Fragmentが非表示になる直前
Destroyed	onDestroyView	Fragmentに関連付けされたビュー階層が破棄されるとき
	onDestroy	Fragmentを最終的にクリーンアップするとき
	onDetach	Activityとの関連付けが解除されたとき

Fragmentのライフサイクルがわかる図も確認してください。

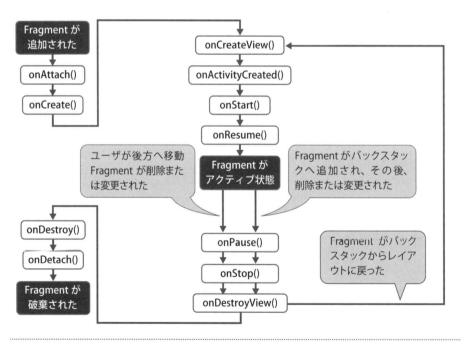

図2.18●Fragmentのライフサイクル

Fragment も Activity と同じように 3 つの状態があります。

表2.5●Fragmentの状態

状態	説明
再開中	Fragment がユーザに見えている状態 別の Activity が最前面にありフォーカスが当たっている（ただし画面全体を占有していない）が、対象となる Fragment を持つ Activity もまだ見えている状態。
一時停止中	Fragment がユーザに見えていない状態 この Fragment を持つ Activity が停止、もしくは Fragment が削除されたが、バックスタックに追加される。
停止中	停止されても Fragment のオブジェクト自体はシステムにより保持されているが、Activity が終了されると Fragment も終了する。

2.2.2 ActionBar

　Android のアプリケーションの画面は、小さい画面でも快適に使えるようなユーザインタフェースとなっています。
　画面の上部に表示される ActionBar もそのひとつです。ActionBar は、ユーザがそのアプリケーションの使用中にとるであろうアクションのナビゲーションを可能にします（API レベル 11 以上）。

図2.19●GMailアプリのActionBar

図2.20●YoutubeアプリのActionBar

図2.21●カレンダーアプリのActionBar

ActionBarは「App Icon」、「View Details」、「Action Items」という3つの要素で構成されています。各要素の詳細については後述します。

図2.22●ActionBarの構成

ActionBarの種類

Stacked Action Bar

Stacked Action Barはアプリケーションのデフォルトのaction Barの挙動になります。アプリケーションに採用する場合はプログラムの変更は必要ありません。

ハンドセットの縦向き時など、Action Barのタブを表示するスペースがないときには、自動で2段目にタブが移動されます。

図2.23●ハンドセットの縦向き時（Stacked Action Bar）

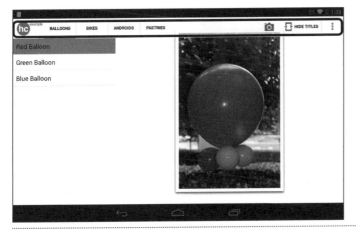

図2.24●タブレット横向き時（Stacked Action Bar）

■ Split Action Bar

　Split Action Bar をアプリケーションに採用すると、ハンドセットの縦向き時などで「Action Items」が表示される場所が狭い場合は、アプリケーションの画面の下部にそれらが表示されます。

図2.25●ハンドセットの縦向き時（Split Action Bar）

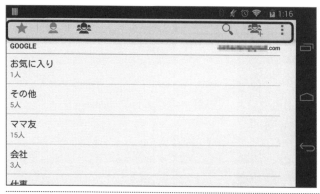

図2.26●タブレットの横向き時（Split Action Bar）

ActionBar を構成する要素

■ App Icon

アプリケーションのアイコンやロゴ、タイトルを表示する領域です。

App Icon 領域でユーザがタップすることが可能なアイコンを home アイコンと呼びます。アプリケーションのホーム Activity に遷移するように実装しますが、アプリケーションが階層構造を持つ場合は、一つ上の階層の画面に遷移するように実装することも可能です。

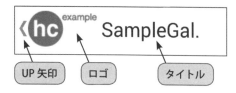

図2.27●App Icon部の例

■ View Details

アプリケーションのナビゲーションを担当する領域です。
3つのナビゲーションモードが用意されています。

- スタンダードナビゲーション
  デフォルトのナビゲーションモードです。

図2.28●スタンダードナビゲーション

- ドロップダウンナビゲーション
 ドロップダウンリストからコンテンツを切り替えます。

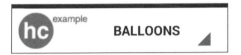 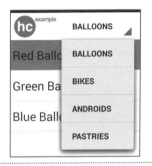

図2.29●ドロップダウンナビゲーション（右：展開時）

- タブナビゲーション
 複数タブからコンテンツを切り替えます。

図2.30●タブナビゲーション

■ **Action Items**

　Action Items の領域には、アプリケーションが持っている機能や設定用のメニューアイテムを配置します。

　メニューアイテムがどのような機能を持っているのかひと目で分かるように、ボタンの形などで表現することが可能です。

　Action Items の領域の一番右端には Action Overflow ボタンがあり、画面に収まりきれなかったり、意図的に含ませるようにしたアクションアイテムが選択できるようになっています。

Android 2.0系のオプションメニューと同等の実装方法になりますが、Android 3.0系以降、表示設定用の新プロパティに追加されています。

図2.31●Action Itemsの領域

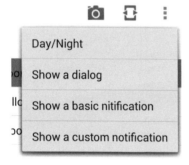

図2.32●Action Overflow選択時

第 3 章

セットアップ

3.1 Android アプリケーションの開発環境を準備する

本書で使用する PC の開発環境とインストールツールについて説明します。

3.1.1 PC の開発環境

本書で使用している Android 開発環境は次のとおりです。この章では、Eclipse ADT、Android SDK、Android 4.4.2 SDK Platform をインストールします。

表3.1●開発環境

項目	名称、バージョンなど	備考
OS	Windows 7	64bit 版と 32bit 版があるのでお使いの Windows に合わせてください。
作業ディレクトリ	c:¥android_training_basics	**あらかじめ作成しておいてください。**
Java	JDK 1.6	**あらかじめインストールしておいてください。**
Eclipse ADT	バージョン 23.0.2	執筆時（2014/10/10）の最新バージョン。
Android SDK	バージョン 23.0.2	Eclipse ADT と一緒にダウンロードされます。
Android 4.4.2 SDK Platform	Android 4.4.2 (API 19)	Eclipse ADT から Android SDK Manager というツールを起動してダウンロードします。

作業フォルダの説明

本書では、作業フォルダを c:¥android_training_basics とします。本章のセットアップを完了すると作業フォルダ配下の構成は次のようになります。

表3.2●開発環境

ディレクトリ名	説明
adt-bundle-windows-x86_64-2010702¥sdk	Android SDK
adt-bundle-windows-x86_64-20140702¥eclipse	ADT
workspace	Eclipse のワークスペース
answer_docs¥html	実習の解答ドキュメント

それではセットアップをはじめましょう。

3.1.2　各ツールのインストール

次のツールをインストールします。

Eclipse ADT	Androidアプリケーション開発に対応したEclipseです（以降Eclipseと表記）。Androidの開発をするためのEclipseのプラグインADTが組み込まれています。
Android SDK	Android上で実行可能なアプリケーション開発するためのSDK（Software Development Kit）です。Android端末やエミュレータとホストPCをUSBで接続して、アプリケーション・プログラムを携帯電話機上で実行しながらPC上でデバッグすることが可能です。
Android 4.4.2 SDK Platform	Android 4.4.2で動作可能なアプリケーションを作成するためのライブラリ群をダウンロードします。

3.1.3　開発環境の構築

(1) Android SDK、Eclipseのインストール

Android Developerサイト（http://developer.android.com/index.html）に接続し、「Get the SDK」をクリックしてダウンロードページに移動します。

図3.1●Android Developerサイト

次のページでは「Download Eclipse ADT」をクリックします。

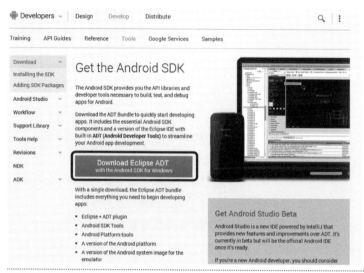

図3.2●Android SDKのダウンロードページ

次のページでは「Download Eclipse ADT with the Android SDK for Windows」をクリックし、開発ツール一式が含まれた zip ファイルをダウンロードします。Windows の場合、32bit と 64bit の選択があるので適切な方を選択します。

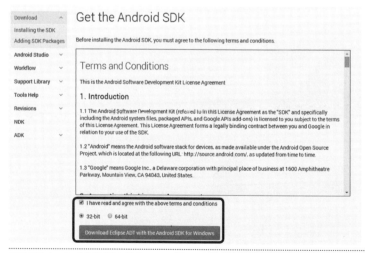

図3.3●Android SDKのダウンロードページ（2ページ目）

次に、C ドライブ直下に android_training_basics フォルダを新規作成し、次の手順で作業フォルダをセットアップします。

1. ダウンロードファイル「adt-bundle-windows-x86_64-日付.zip」を解凍し、作成された「adt-bundle-windwos-x86_64-日付」フォルダを C:¥android_training_basics 直下に配置します（本書では、日付は 20140702 となっています）。
2. android_training_basics フォルダ以下に workspace フォルダを新規作成します。
3. 解答ドキュメントをダウンロードし、展開して作成された answer_docs フォルダを C:¥android_training_basics フォルダ内に移動します。

これでインストールは完了です。C:¥android_training_basics フォルダの内容が次のようになっていることを確認します。

図3.4●android_training_basicsフォルダの内容

(2) Eclipse の設定

　C:¥android_training_basics¥adt-bundle-windows-x86_64-日付¥eclipse 以下にある、eclipse を
ダブルクリックして起動します。

図3.5●eclipseをダブルクリックして起動

図3.6●eclipseの起動画面

　Workspace 選択ウィンドウが表示されたら、Workspace に

　　C:¥android_training_basics¥workspace

と入力し、「Use this as the default and do not ask again」にチェックを入れて［OK］ボタンをクリックします。

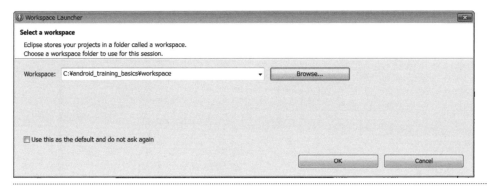

図3.7●Workspace Launcher

「Welcome to Android_Development」ウィンドウが表示されたら、「No」を選択して［Finish］ボタンをクリックします。

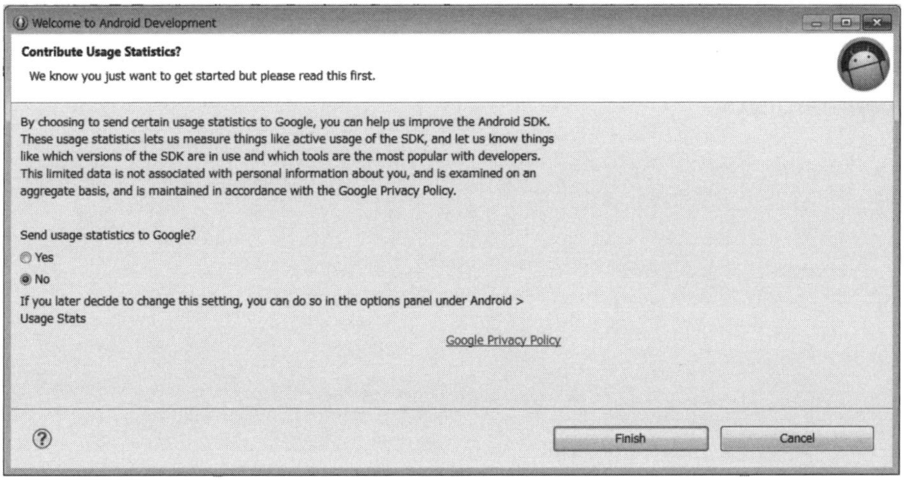

図3.8●Welcome to Android Development

画面が次のように表示されていることを確認します。

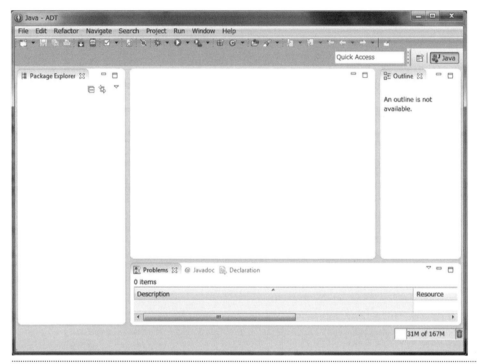

図3.9●Eclipseが起動した状態

3.1 Androidアプリケーションの開発環境を準備する

　EclipseのAndroid SDKのパスを確認します。メニューから［Window］→［Prefernces］を選択して「Preferences」ウィンドウを表示します。

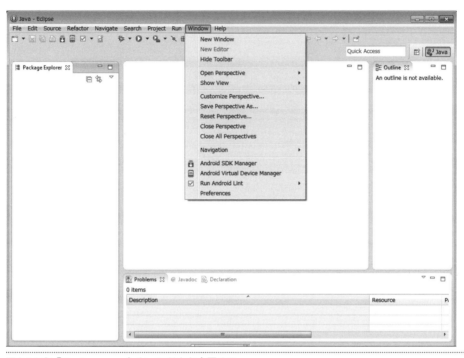

図3.10●「Preferences」ウィンドウを表示する

「Preferences」ウィンドウから「Android」を選択します。SDK Location の内容が

  C:¥android_training_basics¥adt-bundle-windows-x86_64-20140702¥sdk

となっていることを確認します。

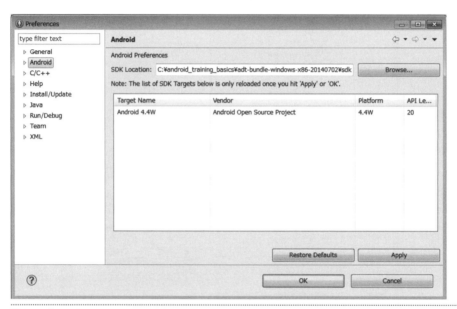

図3.11●Preferencesウィンドウ

次に、文字コードの設定を変更します。「Preferences」ウィンドウから「General」→「Workspace」を選択し、「Text file encoding」の値を「UTF-8」に変更します。

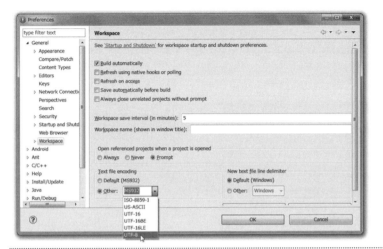

図3.12●文字コードの設定

以上で Eclipse の設定は完了です。

(3) Android 4.4.2 SDK Platform のインストール

Android 4.4.2 SDK Platform は Android SDK Manager からインストールします。Eclipseのツールバーから SDK Manager ボタンをクリックして Android SDK Manager を起動します。

図3.13●SDK Managerボタン

Android SDK Manager が起動したら、次の項目にチェックを入れ、Install 3 packages ボタンをクリックします。その他の項目のチェックは外してください。

- Android SDK Tools（本書執筆時点では Update が公開されていたためチェックをしていますが、すでに最新版がインストールされている場合はチェックは不要です）
- Android 4.4.2 (API 19)
    - SDK Platform
    - ARM EABI v7a System Image（エミュレータのイメージです。エミュレータを使わない場合は不要です）

> **NOTE** 4系のエミュレータイメージは高性能なPCでないと快適に動作しません。お使いのPCで動作が重い場合は、2系のエミュレータイメージまたは「Intel x86 Atom System Image」を使用してください。

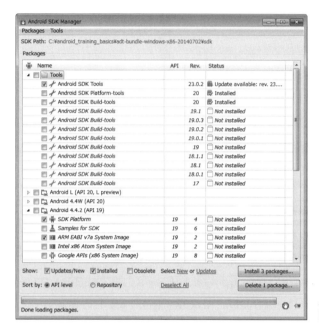

図3.14●Android SDK Manager

次の画面では、「Accept License」にチェックを入れて［Install］ボタンをクリックします。

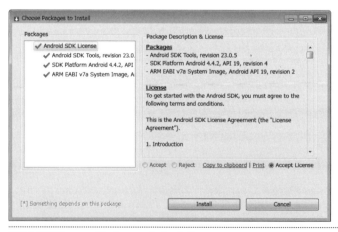

図3.15●Choose Packages to Install

インストールが開始されます。「Done loading packages.」と表示されたらインストール完了です。

図3.16●インストール完了

完了したら、Eclipseを再起動します。再起動後、メニューから［Window］→［Preferences］→［Android］を選択し、一覧の中に「Android 4.4.2」が表示されていることを確認します。

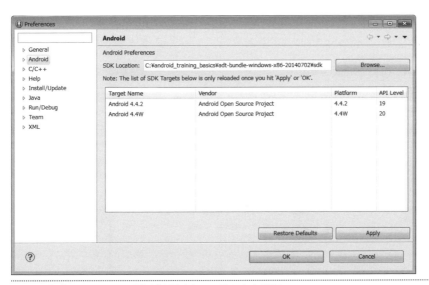

図3.17●「Android 4.4.2」が表示されていることを確認

これで全てのインストールが完了しました。

3.2 環境変数の設定

Android SDK には、いくつかのコマンドツールが同梱されています。環境変数を設定し、コマンドラインからツールを実行できるようにします。

3.2.1 環境変数の登録の仕方

スタートメニューの「コントロールパネル」からコントロールパネルを開き、「システムとセキュリティ」を選択します。

図3.18●コントロールパネル

システムとセキュリティウィンドウで「システム」を選択します。

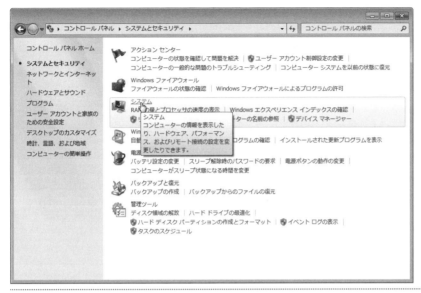

図3.19●システムとセキュリティ

「システムの詳細設定」を選択し、システムのプロパティウィンドウを表示させます。

図3.20●システム

システムのプロパティウィンドウで［環境変数］ボタンをクリックし環境変数ウィンドウを表示させます。

図3.21●システムのプロパティ

環境変数ウィンドウの「ユーザー環境変数」から［新規］ボタンをクリックし、新しいユーザー変数ウィンドウを表示させます。

図3.22●新しいユーザー変数

新しいユーザー変数ウィンドウの変数名と変数値を、次のように設定します。

表3.3●開発ツール

変数名	変数値
path	C:¥android_training_basics¥adt-bundle-windows-x86-20140702¥sdk

［OK］ボタンをクリックして全てのウィンドウを閉じます。

3.3 エミュレータの作成

3.3.1 エミュレータとAVD

　Androidアプリケーションを実行するには、Android端末またはエミュレータが必要です。エミュレータとは開発PC上で実行されるソフトウェアです。AVD（Android Virtual Device）とは、Androidのハードウェア情報をもったAndroid仮想端末です。エミュレータはAVDを使用して、開発PC上で仮想化されたAndroid端末の動作を提供します。

■ AVDの定義を作成する

　ツールバーの［Android Virtual Device Manager］ボタンをクリックしてAndroid Virtual Device Managerを起動します。

図3.23●Android Virtual Device Managerボタン

「Device Definitions」タブを選択し、定義一覧を表示します。一覧から「Galaxy Nexus by Google」を選択して［Clone］ボタンをクリックします。

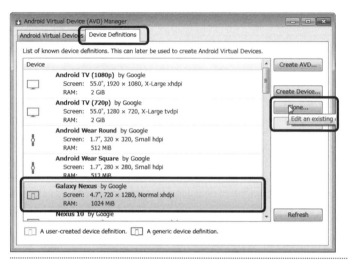

図3.24●Android Virtual Device Manager

「Clone Device」ウィンドウで次の項目を変更し、［Clone Device］ボタンをクリックします。

表3.4●定義の設定

項目	名称、バージョンなど
Name	myGalaxy Nexus
Input	DPad

3.3 エミュレータの作成

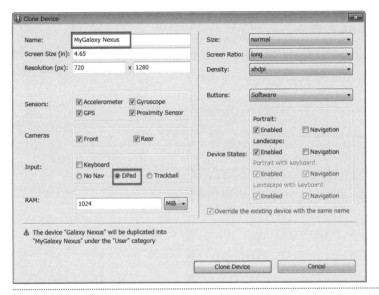

図3.25●Clone Device

一覧に「myGalaxy Nexus」が追加されていることを確認します。

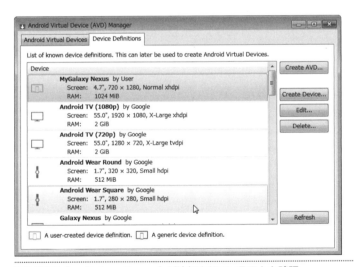

図3.26●「myGalaxy Nexus」が追加されていることを確認

3.3.2 AVD を作成する

一覧から「myGalaxy Nexus」を選択して、[Create AVD...] ボタンをクリックします。

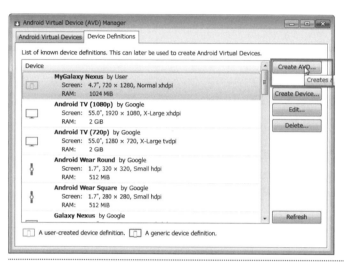

図3.27● [Create AVD...] ボタンをクリック

「Create new Android Virtual Device」ウィンドウで次のように設定し、[OK] ボタンをクリックします。

表3.5●定義の設定

項目	名称、バージョンなど
AVD Name	myGalaxy_Nexus
Device	myGalaxy Nexus
Target	Android 4.4

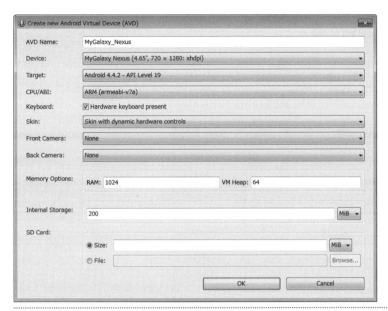

図3.28●Create new Android Virtual Device

「Android Virtual Devices」タブに切り替え、一覧に「myGalaxy_Nexus」が追加されていることを確認します。

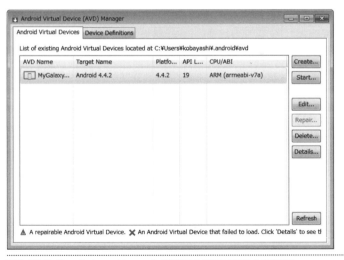

図3.29●「myGalaxy_Nexus」が追加されていることを確認

3.3.3 AVDを起動する

作成した「myGalaxy_Nexus」を選択して、[Start...]ボタンをクリックします。「Launch Options」ウィンドウで[Launch]ボタンをクリックすると、エミュレータが起動します。

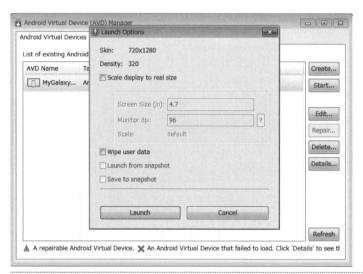

図3.30●Launch Options

図3.31●エミュレータが起動

3.4 実機を使ってデバッグする

　Android アプリケーションを、エミュレータではなく端末で実行するための設定について説明します。本書では Galaxy Nexus を使っています。

3.4.1 事前準備

　あらかじめ USB ドライバをインストールしておいてください。USB ドライバのインストール方法は端末によって違うので、メーカのサポートページを確認してください。

3.4.2 設定方法

(1) 端末のデバッグ設定

　まず、アプリケーション一覧から設定アプリケーションを選択し、「端末情報」を表示します。

図3.32● 「端末情報」を表示するための操作

「端末情報」を表示したら、ビルド番号の欄を7回タップします。タップした回数に合わせて「デベロッパーになるまであと○ステップです」とメッセージが表示され、7回タップし終わると「これでデベロッパーになりました！」とメッセージが表示されます。

図3.33●ビルド番号の欄を7回タップする

このメッセージが表示されると、設定画面に「開発者向けオプション」が表示されます。

図3.34●開発者向けオプションが表示される

(2) 開発用アプリケーションのインストール設定

開発用に作成したアプリケーションは署名が入ってないため、提供元不明のアプリケーションとして扱われます。デフォルトの設定では提供元不明のアプリケーションはインストールできないようになっているので、次の手順でアプリケーションのインストール設定を行い、開発用のアプリケーションをインストールできるようにします。

- アプリケーション一覧から、設定を選択する。
- 設定メニューを表示し、[セキュリティ] を選択する。
- 次の画面で、[提供不明のアプリ] にチェックを入れる。
- 設定画面を閉じる。

これで設定は終了です。

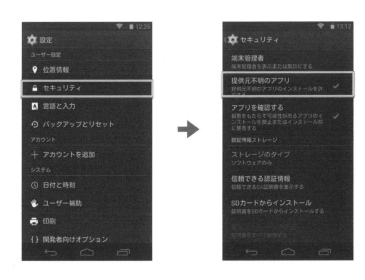

図3.35●設定終了

(3) PCと接続

パソコンと Android 端末を USB ケーブルで接続し、Android の画面に「USB デバッグが接続されました」という通知が表示されているのを確認します。画面上端のバーに表示されるアイコンとメッセージのことをノーティフィケーションといいます。また、画面上端のバーを下にスライドすると通知の一覧が表示され、詳細な情報を確認できます。

第3章　セットアップ

USBデバッグのノーティフィケーションが表示される

画面上端のバーを下にスワイプするとノーティフィケーション一覧が表示される

図3.36●ノーティフィケーション情報の確認

第 4 章

開発ツールの使い方

4.1 アプリケーションの作成

この章では、「HelloWorld」アプリケーションの作成を通じて開発ツールの操作方法を習得します。前の章で構築した開発環境（ADT）とエミュレータを利用します。

4.1.1 アプリケーションの完成イメージ

Androidプロジェクトを作成し、図4.1に示すアプリケーションを作成します。Androidでは、プロジェクトを作成した時点でソースコードに何も変更を与えなくても、アプリケーションの起動後の画面に「Hello world!」と表示されるアプリケーションが作成されます。

具体的なソースコードの変更は次節以降で説明しますので、ここではひとまずアプリケーションの実行ができるようになりましょう。

図4.1●アプリケーションの完成イメージ

4.1.2 Androidプロジェクトの作成

Androidプロジェクトを作成する手順を示します。

1. メニューから［File］→［New］→［Android Application Project］を選択します。

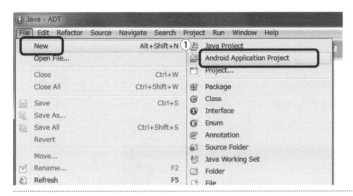

図4.2● ［Android Application Project］を選択

2. 「New Android Application」画面の設定でアプリケーションの設定情報を以下のように入力し、［Next］ボタンをクリックします。

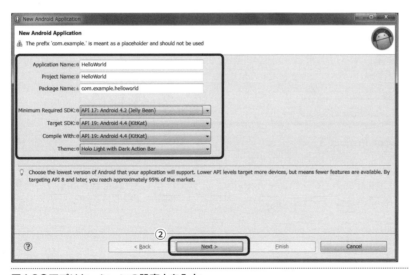

図4.3●アプリケーションの設定上を入力

表4.1●Application設定情報

項目	設定値
Application name	HelloWorld
Project Name	HelloWorld
Package Name	com.example.helloworld
Minimum Required SDK	4.2
Target SDK	4.4
Compile With	4.4
Theme	None

3. 「New Android Application」画面の設定で、「Create Custom launcher icon」のチェックを外し、[Next]ボタンをクリックします。

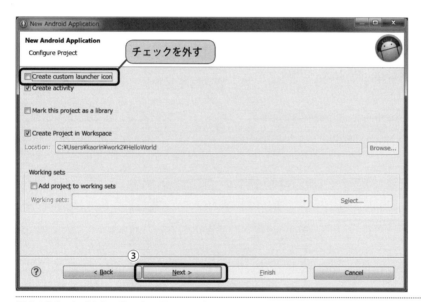

図4.4●Android Application Project 3

4. 「Create Activity」画面の設定で「Create Activity」にチェックし、「Empty Activity」を選択後に[Next]ボタンをクリックします。

4.1 アプリケーションの作成

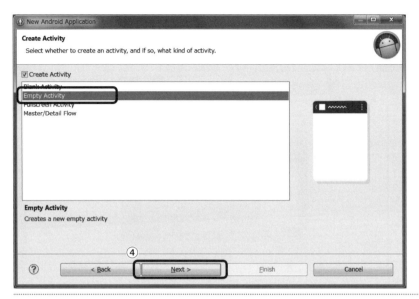

図4.5●Create Activity

5. 「Empty Activity」画面の設定で［Finish］ボタンをクリックします。

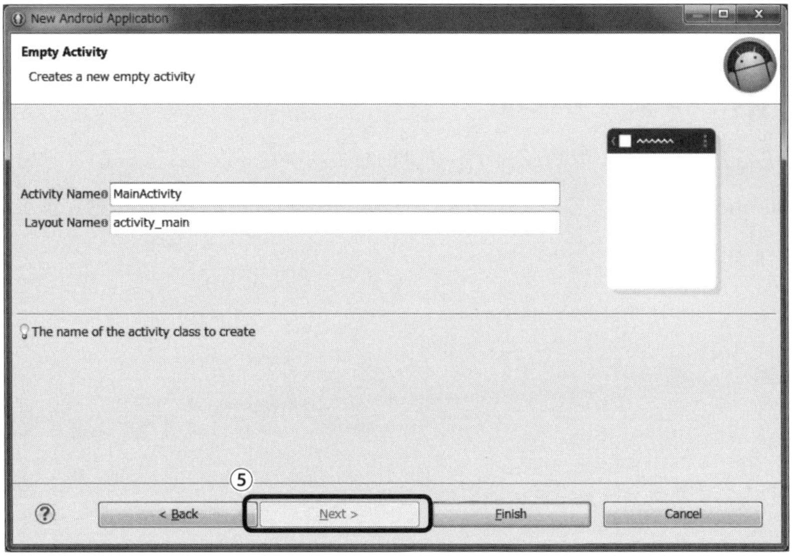

図4.6●Empty Activity

6. Android Projectが生成され、図4.7のように表示されます。

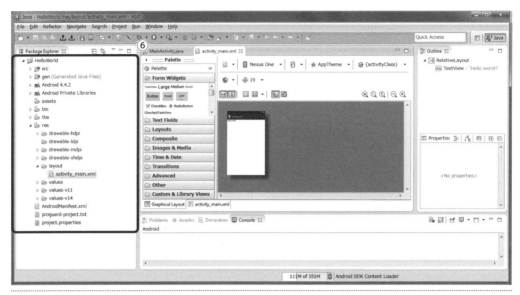

図4.7●HelloWorld Project

4.1.3 アプリケーションの実行

Package Explorerから「HelloWorld」プロジェクトを選択し、右クリックメニューから［Run As］→［Android Application］を選択すると、エミュレータでアプリケーションが起動します。

4.1 アプリケーションの作成

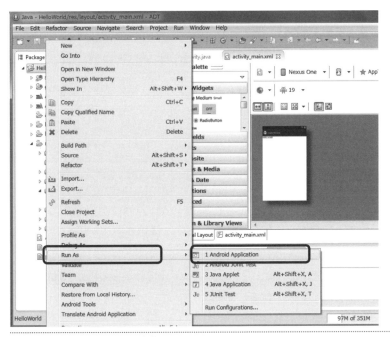

図4.8●アプリケーションの実行

図4.9●HelloWorldアプリケーション

4.2 画面デザインの変更

本節では、前節で作成した「HelloWorld」アプリケーションのリソースファイルを編集する作業を通して、画面のデザインを変更する方法を習得します。

4.2.1 リソースファイルとは

リソースファイルとは、Android プリケーションの Java のソースコード以外の外部ファイルのことを指します。Android プロジェクトでは /res 以下に格納されているファイルと AndroidManifest.xml ファイルです。

Android アプリケーションの画面デザインは、リソースファイルで作成するのが一般的です。リソースファイルの種類を一部抜粋して次に列挙します。

- res/drawable(-Xdpi)/icon.png

  画像ファイル（ファイル名は任意、対応拡張子：.png、.jpeg、.gif）

  Xdpi は hdpi、mdpi、ldpi、xdpi など、サポートする解像度によって適宜異なる。

- res/layout/activity_main.xml

  レイアウト情報（ファイル名は任意）

リスト4.1●レイアウト情報の設定例

```
<RelativeLayout>
android:layout_width="match_parent"
android:layout_height="match_parent"
>
 <TextView
   android:layout_width="wrap_content"
   android:layout_height="wrap_content"
   android:text="@string/hello_world"
 />
</RelativeLayout>
```

- res/values/colors.xml

  色情報（RGB または ARGB16 進数のカラーコードに名前を定義する）

リスト4.2●色情報の設定例

```
<resources>
<color name="Purple">#800080</color>
</resources>
```

- res/values/dimens.xml

  サイズ情報（例：5px、10dip、20pt）

リスト4.3●サイズ情報の設定例

```
<resources>
<dimen name="text_size_small">14sp</dimen>
</resources>
```

- res/values/strings.xml

  文字列情報（表示文字列に名前を定義する）

リスト4.4●文字列情報の設定例

```
<resources>
 <string name="test">文字列</string>
</resources>
```

- res/values/styles.xml

  スタイル情報（独自のデザイン設定値を定義する）

リスト4.5●スタイル情報の設定例

```
<style name="StyleTest">
<item name="android:background">#ffffff</item>
<item name="android:textColor">#808000</item>
</style>
```

画像ファイル以外のリソースファイルは xml 形式です。xml タグを使いこなせない初学者がリソースファイルを作成するのはとても困難なので、ADT にはこれらのリソースファイルの作成支援機能がついています。

ADT は 3 種類のリソースファイルエディタを提供しています。それぞれの使い方については手順の中で説明します。

- グラフィカルレイアウトエディタ
  レイアウトリソースファイルの作成を GUI 機能をもつエディタでサポート

- リソースエディタ
  レイアウトリソースファイル以外のリソースファイルの作成をサポート

4.2.2　画面デザインを作成する

ここからは、前節で作成したアプリケーションの画面のデザインを変更して、図 4.10 のようにするまでを見ていきます。

図4.10●画面デザインの完成イメージ

各ビューの表示文字列は表 4.2 のとおりになります。

表4.2●各ビューの表示文字列

ビュー	ビューの説明	表示文字列
TextView	テキスト表示	なまえ
EditText	テキスト入力	なし（ヒント表示として「ひらがなで入力してください」）
CheckBox	チェックボックス	メールマガジンを受信する
Button	ボタン	登録

次の項より、変更手順を説明します。

リソースエディタを使う場合の手順

■ グラフィカルレイアウトエディタの起動

レイアウトリソースファイルを開いて、グラフィカルレイアウトエディタを起動します。

1. Package Explorer から res/layout/activity_main.xml をダブルクリックする。
2. res/layout/activity_main.xml のファイルがグラフィカルレイアウトエディタで開かれ、下図の画面が表示されることを確認する。

図4.11●activity_main.xml

第 4 章　開発ツールの使い方

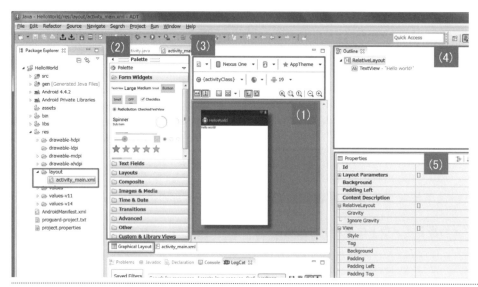

図4.12●グラフィカルレイアウトエディタ

グラフィカルレイアウトエディタの構成について説明します。

1. キャンバス領域

    グラフィカルレイアウトエディタのキャンバス領域には、レイアウトのプレビューが表示されます。ADT ツールがレイアウトリソースファイルに記述されている xml の内容を自動で即時にプレビューできるように変換してくれます。また、Android で利用可能なさまざまな UI ウィジェットをパレット領域からキャンバス領域にドラッグ & ドロップすることで、直接 xml を書かなくてもレイアウトを作成することができます。
    キャンバス上に配置された View コンポーネントは自動で xml の要素として変換されリソースファイルに適用されます。

2. パレット領域

    パレット領域にドラッグ & ドロップ可能な UI ウィジェットを含む領域です。UI ウィジェットの機能にグループ分けされています。

3. コンフィギュレーション選択メニュー

    縦向きの画面（portrait）や横向きの画面（landscape）のレイアウトのプレビューを確認

したい場合や、異なるスクリーンサイズ、テーマ、OS のバージョンなどでレイアウトのプレビューを確認したい場合などに使用します。

ここでの設定値は即時にキャンバス領域のレイアウトに反映されます。

4. アウトラインビュー

レイアウトリソースファイルに設定しているレイアウトの階層構造を示します。xml に記述されたタグの親子関係がアウトラインで確認できます。要素を選択して右クリックすることでプロパティ値の変更や要素の削除が可能です。また、要素を選択して前後にドラッグすることで、要素間の順序を変更することも可能です。

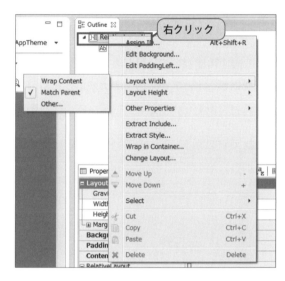

図4.13●アウトライン

5. プロパティビュー

キャンバス領域のプレビュー内の UI ウィジェットを選択、またはアウトラインビューで要素を選択すると、選択された UI ウィジェットのプロパティ一覧が表示されます。各プロパティは変更可能です。

● プロパティの右端のボタンを押下すると、設定可能な値がダイアログで表示されます。

図4.14●プロパティの設定（ボタンをクリック）

- プロパティの設定値の欄をクリックすると設定可能な値の一覧が表示されます。定数以外で任意の値が設定可能な場合は直接この欄にキーボードから値を入力することも可能です。

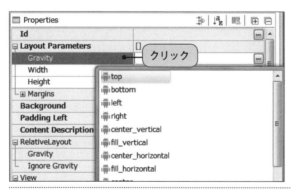

図4.15●プロパティの設定（値の欄のクリック）

4.2 画面デザインの変更

■ グラフィカルレイアウトエディタの表示設定

レイアウトエディタに表示する画面プレビューのAndroidバージョンを「19」に設定します。デフォルトのバージョン「20」はAndroidWearの設定になっているため、EditTextなど一部のViewをプレビュー表示することができません。

ツールバーの「Android version to use when redering layout in Eclipse」をクリックし、「API 19: Android 4.4.2」を選択します。

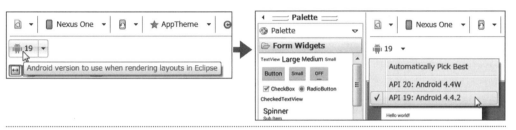

図4.16●プロパティの設定（値の欄のクリック）

■ Layoutの変更

グラフィカルレイアウトエディタを使って、「HelloWorld」アプリケーションのルートとなるレイアウト（ViewGroup）を変更してみましょう。

デフォルトはルートのレイアウトがRelativeLayoutになっています。完成イメージはチェックボックスやボタンは縦並びに整列したレイアウトになっていますので、ルートのレイアウトを「LinearLayout(Vertical)」に変更します。

図4.17●変更前のルートのLayout

1. プレビュー画面上で右クリックし、「Change Layout」を選択
2. 「New Layout Type」を「LinearLayout(Vertical)」に変更

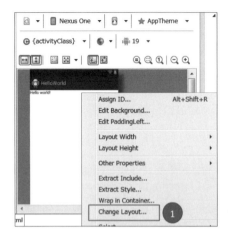

図4.18●Layoutの変更1

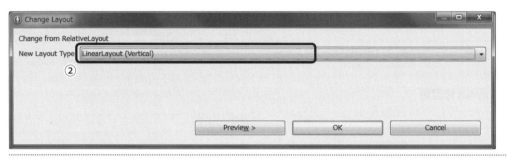

図4.19●Layoutの変更2

図4.20●変更後のルートのLayout

■ View を追加する

はじめに図4.21のようなビューを作成します。このビューはTextViewとEditTextが横並びに整列したレイアウトに収まっています。横並びに整列するレイアウトは「LinearLayout(Horizontal)」を使用します。これらのビューはすべて、グラフィカルレイアウトエディタを利用して追加します。

図4.21●作成するビュー

1. 「Layouts」から「LinearLayout(Horizontal)」を選択し、スクリーン上にドラッグ＆ドロップする。

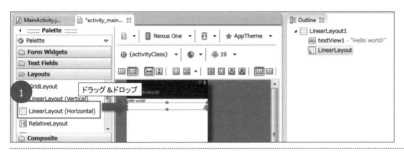

図4.22●LinearLayout(Horizontal)の追加

2. キャンバス領域に表示されているプレビュー上で「Hello world!」を選択し、右クリックメニューから［Delete］を選択する。

図4.23●デフォルトのTextView（「Hello world!」）の削除

3. 「Form Widgets」から「TextView」を選択し、スクリーン上にドラッグ＆ドロップする（1で追加した LinearLayout に含めるようにドロップする）。

図4.24●TextViewの追加

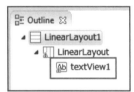

図4.25●TextViewの追加（Outline）

4. 同様に、「Text Fields」からパレットの一番上にある「EditText」をスクリーン上にドラッグ＆ドロップする（1で追加した LinearLayout に含めるようにドロップする）。

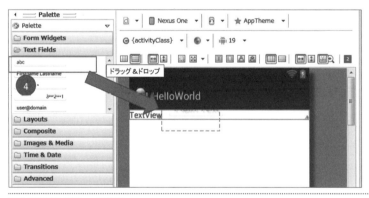

図4.26●EditTextの追加

4.2 画面デザインの変更

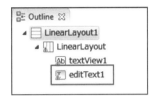

図4.27●EditTextの追加（Outline）

5. スクリーン上の TextView を選択し、Properties ビュー上で Text プロパティを「TextView」から「なまえ」に変更する。

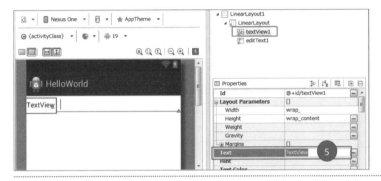

図4.28●Textプロパティの変更

6. 同様に、EditText の Hint プロパティを「ひらがなで入力してください」に変更する。

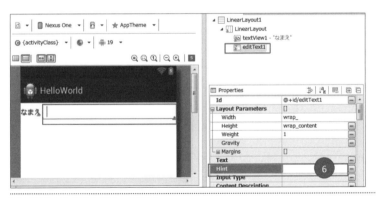

図4.29●Hintプロパティの変更

図4.30●プロパティの変更まとめ

7. Package Explorerから「HelloWorld」プロジェクトを選択し、右クリックメニューから［Run As］→［Android Application］を選択する。

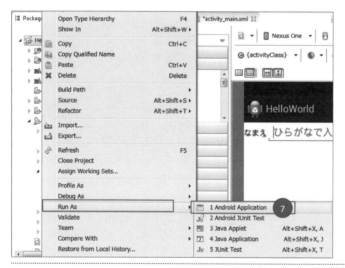

図4.31●アプリケーションの実行

8. エミュレータが起動し、次の画面が表示されることを確認する。

図4.32●アプリケーションの実行結果（TextViewとEditView）

次に挙げる点について確認してください。

- 画面にテキストビューと、エディットテキストが横並びに表示されている。
- チェックボックスが表示されている。
- テキストビューの表示文字列が「なまえ」である。
- チェックボックスの表示文字列が「ひらがなで入力してください」である。

xmlファイルの直接編集

これまではTextViewやEditTextをドラッグ＆ドロップでレイアウトに配置して、xmlのコードを自動で生成していました。ここからは、ボタンやチェックボックスのビューを直接レイアウトリソースファイルのxmlを編集して追加します。

グラフィカルレイアウトエディタの「<ファイル名>」タブを選択すると、xmlエディタが開いて編集が可能になります。

1. レイアウトエディタの「activity_main.xml」タブをクリックし、レイアウトエディタにXMLソースが表示されることを確認する。

```
MainActivity.java    activity_main.xml

<LinearLayout xmlns:android="http://schemas.android.com/apk/res/android"
    xmlns:tools="http://schemas.android.com/tools"
    android:id="@+id/LinearLayout1"
    android:layout_width="match_parent"
    android:layout_height="match_parent"
    android:orientation="vertical"
    tools:context="${packageName}.${activityClass}" >

    <LinearLayout
        android:layout_width="match_parent"
        android:layout_height="wrap_content" >

        <TextView
            android:id="@+id/textView1"
            android:layout_width="wrap_content"
            android:layout_height="wrap_content"
            android:text="なまえ" />

        <EditText
            android:id="@+id/editText1"
            android:layout_width="wrap_content"
            android:layout_height="wrap_content"
            android:layout_weight="1"
            android:ems="10"
```

図4.33●レイアウトファイルのxml表示

2. チェックボックスとボタンを activity_main.xml に追加する。

　チェックボックスには <CheckBox> タグ、エディットテキストには <EditText> タグを使用します。すでに作成済の LinearLayout（TextView と EditText が含まれている方）と同じ階層に <CheckBox> タグと <EditText> タグを追加します。

　次に、それぞれのタグの属性を追加します。ビューの設定において layout_width と layout_hight 属性は、ビューの大きさを決めるために必ず設定が必要です。また、これらのビューを Java のソースコードから扱えるようにするためには id 属性の設定も行います。属性を手打ちで一文字ずつ打つのは大変ですが、Eclipse のコード補完機能を使うことで、打ち間違いなどのミスを減らすことが可能です。Windows 環境でコードの補完機能を行うショートカットキーは［Ctrl］＋［Space］です。属性名を途中まで打ってからショートカットキーを試してみてください。

　完成イメージのようなテキストの表示になるように text 属性の値も設定しましょう。

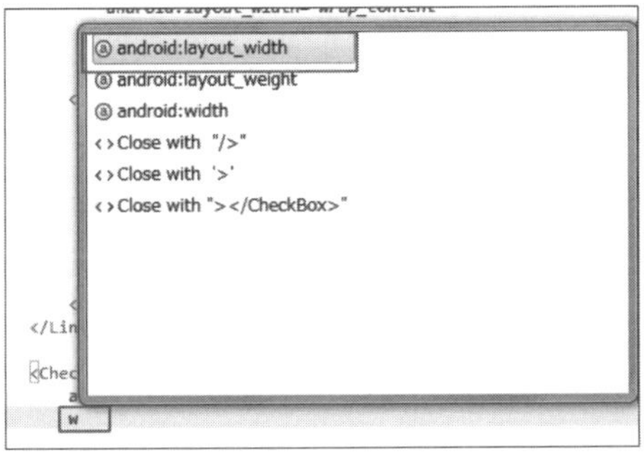

図4.34●コード補完（wと打ってから［Ctrl］＋［Space］した場合）

リスト4.6●res/layout/activity_main.xml（一部省略）

```
<LinearLayout xmlns:android="http://schemas.android.com/apk/res/android"
    ⋮
>
    <LinearLayout
        <TextView
            ⋮
        />
        <EditText
            ⋮
        >
            <requestFocus />
        </EditText>
    </LinearLayout>

    <CheckBox
        android:id="@+id/checkBox1"
        android:layout_width="wrap_content"
        android:layout_height="wrap_content"
        android:text="メールマガジンを受信する" />

    <Button
        android:id="@+id/button1"
        android:layout_width="wrap_content"
        android:layout_height="wrap_content"
        android:text="登録" />
</LinearLayout>
```

3. GraphicalLayoutタブに表示を切り替えて、下記のようにチェックボックスとボタンが表示されていることを確認する。

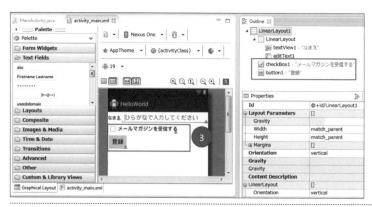

図4.35●EditText表示

4. Package ExplorerからHelloWorldプロジェクトを選択し、右クリックメニューから［Run As］→［Android Application］を選択する。

5. エミュレータが起動し、下図のような画面が表示されることを確認する。

図4.36●アプリケーションの実行結果（CheckBoxとButton）

次に挙げる点について確認してください。

- チェックボックスとボタンが表示されている。
- チェックボックスの表示文字列が「メールマガジンを受信する」である。
- ボタンの表示文字列が「登録」である。

4.2.3　リソースファイルの画面作成の仕組み

ActivityはRクラスを使用し、レイアウトリソースファイルの内容を取得することができます。

Rクラスはビルド時に自動生成されるクラスで、プログラムからリソースファイルの情報を取得するために必要なクラスです。Rクラスから取得したリソースファイルの情報から、Activity#setContentViewによって画面デザインを表示する仕組みになっています。

リスト4.7●MainActivity.java

```java
public class MainActivity extends Activity {

    @Override
    public void onCreate(Bundle savedInstanceState) {
        super.onCreate(savedInstanceState);
        // 画面デザインをActivity上に表示する
        // R.layout.activity_mainがactivity_main.xmlを示している
        setContentView(R.layout.activity_main);
    }
}
```

リスト4.8●activity_main.xml

```xml
<?xml version="1.0" encoding="utf-8"?>
<LinearLayout
    ⋮
>
    <Button
        ⋮
    />
    <CheckBox
        ⋮
    />
    <EditText
```

```
            android:id="@+id/editText1"
            ⋮
            android:text="EditText"
    />
</LinearLayout>
```

アプリケーションのプロジェクトの Java プログラムと各リソースは、リソース ID で関連付けられています。このリソース ID は R クラスのメンバ変数として定義されています。

R クラスとリソースファイルの関係を下図に示します。

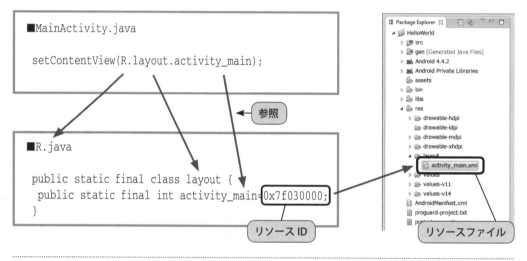

図4.37●Rクラスとリソースファイルの関係

4.2.4　レイアウトリソースファイルの tools 属性について

ADT でプロジェクト新規作成時やレイアウトリソースファイル新規作成時に自動で生成されるレイアウトリソースファイルには、必ずルートとなるレイアウトの属性に「xmlns:tools="http://schemas.android.com/tools"」という名前空間が設定されています。この名前空間はレイアウトリソースファイルの中で使用できる「tools:」タグに対応しています。

この「tools:」属性で何ができるのか説明します。

```
<FrameLayout xmlns:android="http://schemas.android.com/apk/res/android"
    xmlns:tools="http://schemas.android.com/tools"
    android:id="@+id/container"
    android:layout_width="match_parent"
    android:layout_height="match_parent"
    tools:context="com.example.helloandroid.MainActivity"
    tools:ignore="MergeRootFrame" />
```

tools:ignore

Android の ADT には lint と呼ばれる静的解析ツールがあります。これは、ソースコードのコンパイルとは別に、コンパイラよりさらに厳格にコードの実装ミスや使い方のチェックをしてくれるツールです。

この lint のチェック対象から外したい項目を、あらかじめ tools:ignore 属性に設定しておくことが可能です。lint のチェック対象は以下で定義されています。

　　http://tools.android.com/tips/lint-checks

上記の xml の記述例では、MergeRootFrame（ルートに設定された <FratmeLayout> を <merge> に置き換えてもよいか lint でチェックする）を lint のチェック対象外に設定しています。

tools:context

このレイアウトを使用する Activity を指定します（実際にはこのレイアウトを他の Activity で使ってもよい）。この値を指定しておくことで、Activity に設定されたテーマをグラフィカルレイアウトのプレビューに反映させることができます。

tools:layout

<fragment> タグに設定します。この値に設定された fragment のレイアウトをグラフィカルレイアウトのプレビューに反映させることができます。

tools:listitem、tools:listheader、tools:listfooter

これらの属性は、ListView や GridView などの AdapterView のサブクラスで使用されるもので、リスト項目やヘッダ、フッタとしてデザイン時に使用されるレイアウトを指定するものです。

4.2.5 文字列リソースの変更

ここまで、「HelloWorld」アプリケーションに追加したビューのすべての文字列は、直接レイアウトリソースファイル（activity_main.xml）に設定していました。しかし、通常のアプリケーション開発では文字列は文字列リソースファイルでまとめて管理をします。

本項では、「HelloWorld」アプリケーションのチェックボックスとボタンの表示文字列を文字列リソースファイル（strings.xml）に設定し、レイアウトリソースファイル（activity_main.xml）から呼び出して使うように変更します。

文字列リソースファイル（res/values/strings.xml）は、アプリケーションで使用する文字列を定義したリソースファイルです。次のような手順で文字列リソースがアプリケーションに反映されます。

1. 画面上に表示する文字列を文字列リソースファイルに追加する。
2. レイアウト上のビューが持つText プロパティから文字列リソースファイルの文字列を参照する。
3. アプリケーションを実行すると、画面のビューの文字は strings.xml に設定されている文字列が表示されている。

リスト4.9●文字列リソースファイル（res/values/strings.xml）

```xml
<?xml version="1.0" encoding="utf-8"?>
    <resources>
        ⋮
        <string name="hello_world">Hello world!</string>
        ⋮
    </resources>
```

リスト4.10●レイアウトリソースファイル（res/layout/activity_main.xml）上のTextView

```xml
<TextView
        android:layout_width="wrap_content"
        android:layout_height="wrap_content"
        android:padding="@dimen/padding_medium"
        android:text="@string/hello_world"
        tools:context=".MainActivity" />
```

4.2 画面デザインの変更

図4.38●HelloWorldの文字表示

それでは、実際に文字列リソースエディタを使って、「HelloAndroid」アプリケーションにチェックボックスとボタンの文字列設定を追加してみましょう。

1. Package Explorer から res/values/strings.xml をダブルクリックする。
2. res/values/strings.xml がリソースエディタで開かれ、下図の画面が表示されることを確認する。

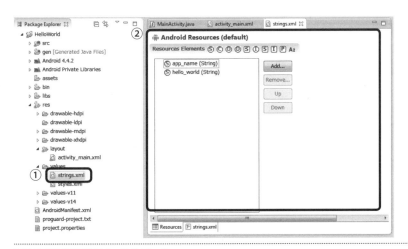

図4.39●文字列リソースエディタ

3. Resourcesタブの［Add...］ボタンをクリックし、追加要素の選択画面を表示する。
4. 選択画面から「String」を選択し、［OK］ボタンをクリックする。

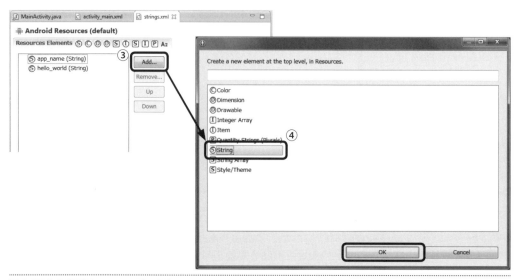

図4.40●文字列リソースエディタ2

5. Resourcesタブの「Resouces Elements」にStringが追加されていることを確認する。
6. Resourcesタブの「Attributes for String」の「Name」と「Value」に、以下の値（button_label と cb_label）を入力する。

表4.3●button_labelの追加

項目名	設定値
Name	button_label
Value	登録

表4.4●cb_labelの追加

項目名	設定値
Name	cb_label
Value	メールマガジンを登録する

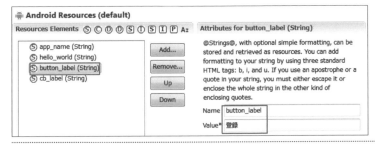

図4.41●button_labelの追加

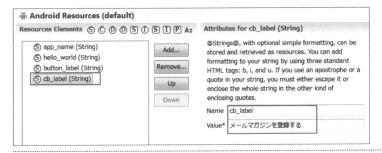

図4.42●cb_labelの追加

strings.xml タブを選択して xml を確認すると、図 4.43 のようになっています。

図4.43●strings.xmlの内容

7. Package Explorer から「res/layout/activity_main.xml」をダブルクリックする。
8. レイアウトエディタが起動したら、GrapficalLayout タブを開いてチェックボックスを選択する。

9. 「Properties」ビューから Text プロパティの右端のボタンをクリックする。

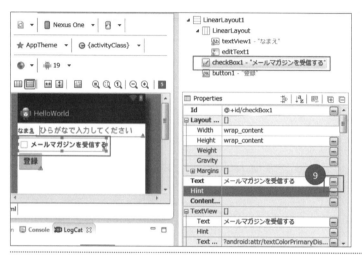

図4.44●チェックボックスのText属性ボタン

10. 「ResourceChooser」ダイアログから cb_label を選択する。

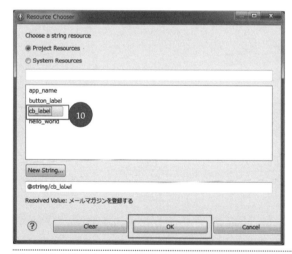

図4.45●文字列リソースの選択（cb_label）

4.2 画面デザインの変更

11. res/layout/activity_main.xml を再び開き、キャンバスのレイアウトプレビューからボタンを選択して、「Properties」ビューから Text プロパティの右端のボタンをクリックする。

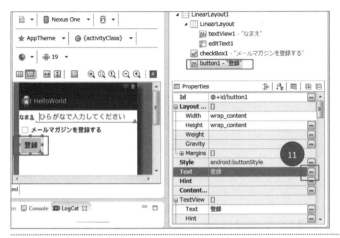

図4.46●ボタンのtext属性ボタン

12. 「ResourceChooser」ダイアログから button_label を選択する。

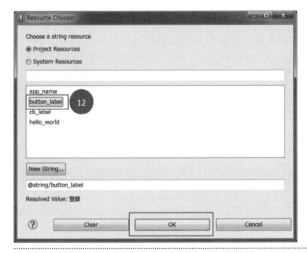

図4.47●文字列リソースの選択（button_label）

13. activity_main.xml タブより xml を表示し、チェックボックスの Text プロパティが「@string/cb_label」に、ボタンの Text プロパティが「@string/button_label」に変更になったことを確認する。

図4.48●activity_main.xmlの確認

14. Package Explorer から「HelloWorld」プロジェクトを選択し、右クリックメニューで［Run As］→［Android Application］を選択する。
15. エミュレータが起動し、下図の画面が表示されることを確認する。

図4.49●アプリケーションの実行結果（文字列リソースの読み込み）

4.3 Fragmentを使ったアプリケーションの作成

本節では、Fragmentを使った最もシンプルなアプリケーションを作成してみましょう。

> **NOTE** 本書ではFragmentを使った開発は対象外のため、この章以降は、スマートフォンをターゲットにしたActivityを使ったアプリケーション開発をします。本格的なFragmentを使ったアプリケーション作成は本書の続編の「Androidアプリ タブレット開発のための教本」にて扱います。

4.3.1 HelloWorldのFragment対応

アプリケーションの完成イメージを図4.55に示します。このアプリケーションでは、1つのActivityに1つのFragmentが追加されています。表示されているデザインはすべてFragmentのレイアウトデザインによるものです。

図4.50●アプリケーションの完成イメージ

4.3.2　Android プロジェクトの作成

Fragment を使ったアプリケーションの実装方法を説明します。必要な手順は次のとおりです。

1. プロジェクトの新規作成
2. Fragment のレイアウトを作成
3. Fragment のサブクラスの作成
4. 作成した Fragment を Activity に追加

それでは各手順について解説していきます。

(1) プロジェクトの新規作成

前項で作成した「HelloWorld」アプリケーションのプロジェクトと同じ作成手順で、新しいプロジェクトを作成します。プロジェクトの設定値は表 4.5 のとおりに設定します。

表4.5●Application設定情報

項目	設定値
Aplication name	HelloFragment
Project Name	HelloFragment
Package Name	com.example.hellofragment
Minimum Required SDK	4.2
Target SDK	4.4
Compile With	4.4
Theme	Holo Light with Dark Action Bar

図 4.51 のようなプロジェクトが作成されたか確認します。

4.3 Fragmentを使ったアプリケーションの作成

図4.51● 「HelloFragment」プロジェクト

(2) Fragmentのレイアウトを作成

Fragmentのレイアウトファイルを作成します。res/layoutフォルダを選択した状態でEclipseのメニューバーの［New Android XML File］ボタンを押下します。

図4.52● ［New Android XML File］ボタン

図4.53のダイアログが表示されるので、必要な設定を入力して［Finish］ボタンをクリックします。

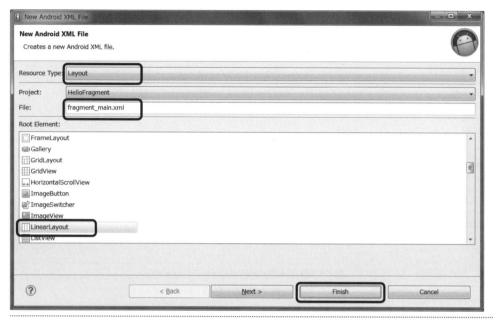

図4.53●「New Android XML File」ダイアログ

表4.6●「New Android XML File」ダイアログ設定情報

項目	設定値
Resource Type	Layout
File	fragment_main.xml
Root Element	LinearLayout

　レイアウトのファイル名を作る際は、Fragment用のレイアウトなのかActivity用のレイアウトなのかがわかるような命名をするとよいでしょう（fragment_xxx.xmlなど）。図4.54のように、res/layout配下にレイアウトファイルが作成されます。

図4.54●fragment_main.xmlファイルの確認

　fragment_main.xmlファイルを開き、xmlを次のように編集します。

リスト4.11●fragment_main.xml

```xml
<?xml version="1.0" encoding="utf-8"?>
<LinearLayout xmlns:android="http://schemas.android.com/apk/res/android"
    android:layout_width="match_parent"
    android:layout_height="match_parent"
    android:background="#ff0000"
    android:gravity="center"
    android:orientation="vertical" >

    <TextView
        android:id="@+id/textView1"
        android:layout_width="wrap_content"
        android:layout_height="wrap_content"
        android:text="Hello Fragment!"
        android:textAppearance="?android:attr/textAppearanceLarge" />

</LinearLayout>
```

ルートレイアウトの <LinearLayout> では、background 属性により背景に赤色をセットしています。また gravity 属性により、子要素となる View を中央に配置する設定をしています。

子要素である <TextView> では、表示される文字の大きさを textAppearance 属性にて設定しています。設定値は Android のシステムで用意されているスタイルの値となっています。テキストのサイズの指定方法には、この他に textSize 属性で単位付きの数値にて設定する方法もあります。

fragment_main.xml ファイルをグラフィカルレイアウトエディタで表示すると、図 4.55 のような表示になります。

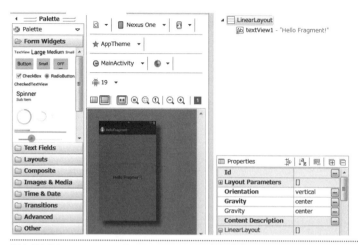

図4.55●fragment_main.xmlファイルの確認（グラフィカルレイアウトエディタ）

(3) Fragmentクラスの作成

android.app.Fragmentクラスを継承したサブクラスを作成します。「HelloFragment」プロジェクトのcom.example.hellofragmentパッケージを選択し、右クリックメニューから［New］→［Class］を選択します。

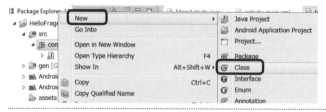

図4.56●クラスファイルの新規作成

「Java Class」ダイアログで必要な設定を入力し、［Finish］をクリックします。

表4.7●Java Classダイアログ設定情報

項目	設定値
Name	MainFragment
Superclass	android.app.Fragment

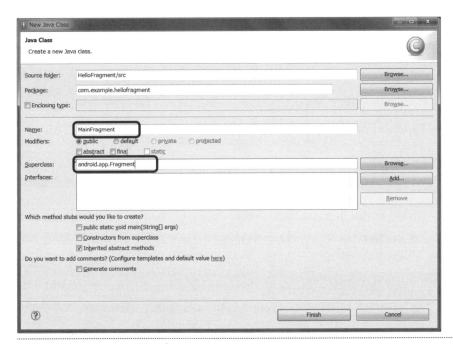

図4.57●Java Classダイアログ

図 4.58 のように、src/com.example.hellofragment 配下に Java のファイルが作成されます。

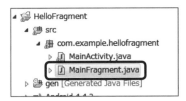

図4.58●MainFragment.javaファイルの確認

続いて MainFragment.java を修正します。Fragment クラスの onCreateView をオーバライドし、Fragment のレイアウトファイル (fragment_main.xml) からルートの View を取得します。Java のソースコードエディタでも [Ctrl] + [Space] ショートカットキーによるコード補完が可能

ですので、積極的に利用してコードのタイピングミスを減らしましょう。

MainFragment.java のコードをリスト 4.12 に示します。

リスト4.12●MainFragment.java

```java
public class MainFragment extends Fragment {

  @Override
  public View onCreateView(LayoutInflater inflater, ViewGroup container,
                           Bundle savedInstanceState) {

    // Fragmentのルートビューを取得する
    View v = inflater.inflate(R.layout.fragment_main, null);
    return v;
  }
}
```

Fragment のレイアウトのルートとなる View を取得するには、android.view.LayoutInflater クラスの inflate メソッドを使用します。このとき、inflate メソッドの第 1 引数には手順（2）で作成したレイアウトファイル（fragment_main.xml）のリソース ID を指定します。第 2 引数には inflate した際に生成される View の親となる ViewGroup を指定しますが、今回は第 1 引数で指定したレイアウトのルートの ViewGroup が親そのものになるので null を指定しています。

(4) Activity のレイアウトに Fragment を設定する

MainActivity クラスのレイアウトファイル（activtiy_main.xml）のルートレイアウトには、子要素として <fragment> タグを追加します。

activtiy_main.xml のルートレイアウトである <LinearLayout> タグと、子要素の <fragment> タグの属性値も含めたコードは以下のようになります。

```xml
<?xml version="1.0" encoding="utf-8"?>
<LinearLayout xmlns:android="http://schemas.android.com/apk/res/android"
    xmlns:tools="http://schemas.android.com/tools"
    android:layout_width="match_parent"
    android:layout_height="match_parent"
    android:orientation="horizontal" >

    <fragment
```

```
                android:id="@+id/fragment1"
                android:name="com.example.hellofragment.MainFragment"
                android:layout_width="match_parent"
                android:layout_height="match_parent"
                tools:layout="@layout/fragment_main" />

</LinearLayout>
```

activtiy_main.xml では、<fragment> の name 属性に手順（3）で作成した Fragment クラスのフルパス名を指定します。また、ここでは「4.2.4　レイアウトリソースファイルの tools 属性について」で紹介した「xmlns:tools="http://schemas.android.com/tools"」という名前空間を設定し、「tools:layout="@layout/fragment_main」という設定を <fragment> タグ内で行っています。そうすることにより、fragment のデザインレイアウトをこのレイアウトファイルのグラフィカルエディタ上で確認することができます。

activtiy_main.xml ファイルをグラフィカルレイアウトエディタで表示すると、図 4.59 のような表示になります。

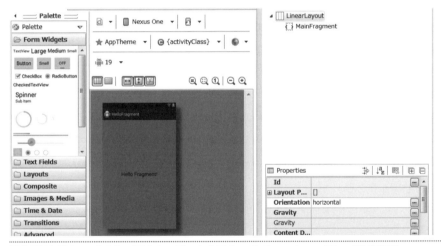

図4.59●グラフィカルレイアウトエディタ上でのactivtiy_main.xmlファイルの確認

「tools:layout="@layout/fragment_main」」の設定を行っていない場合は、図 4.60 のように
<fragment> に適用されたデザインはキャンバス上のプレビューに反映されません。

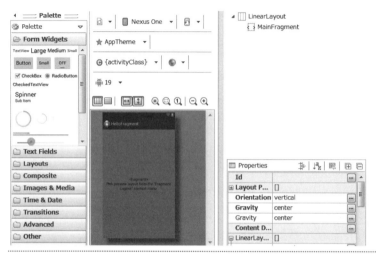

図4.60● グラフィカルレイアウトエディタ上でのactivtiy_main.xmlファイルの確認（「tools:layout="@layout/fragment_main」の設定を行っていない場合）

以上で HelloFragment アプリケーションの全ての準備が終わりました。

4.3.3　アプリケーションの実行

Package Explorer から「HelloFragment」プロジェクトを選択し、右クリックメニューで［Run As］→［Android Application］を選択します。エミュレータが起動して図 4.61 の画面が表示されることを確認しましょう。

図4.61●アプリケーションの実行結果

4.4 AndroidManifestファイル

本節では、Androidアプリケーションのプロジェクトにおける必須のリソースファイルであるAndroidManifest.xmlファイルについて説明します。

4.4.1 マニフェストファイルとは

マニフェストファイルとは、アプリケーションに1つ存在するAndroidManifest.xmlというファイルです。このファイルでは、アプリケーションに関する以下の情報をxml形式で定義しています。

- アプリケーションのアイコン、タイトルの設定
- 使用するコンポーネント（Activity、Serviceなど）の定義
- コンポーネントの振る舞いに関する定義
- アプリケーションのアクセス制限設定
- ライブラリの使用設定

4.4.2　マニフェストファイルの変更

　AndroidのADTでは、AndroidManifest.xmlの設定変更を簡易化するためにマニフェストエディタが使用できます。AndroidManifest.xmlをADTで開き、設定内容によりマニフェストエディタを下記に示すタブで切り替えます。

Manifestタブ	バージョン情報、拡張情報などを設定のエディタを表示します。
Applicationタブ	使用コンポーネント情報、アイコン、アプリケーション名などを設定のエディタを表示します。
Permissionsタブ	アクセス制限を設定のエディタを表示します。
Instrumentationタブ	プロファイラ等の情報収集用クラスの設定（TestRunner等）のエディタを表示します。
AndroidManifest.xmlタブ	XMLファイルの直接編集用のエディタを表示します。

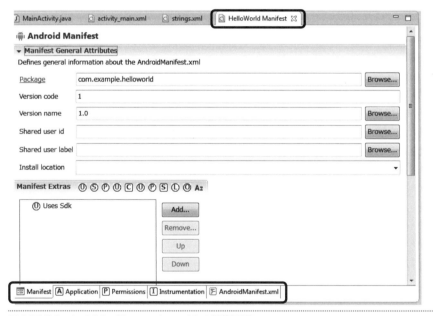

図4.62●AndroidManifest.xmlファイルの編集画面

Activity の追加

「HelloWorld」アプリケーションに MainActivity2 を追加してみましょう。（あらかじめ、MainActivity2.java を用意しておきます。）

1. Package Explorer から AndroidManifest.xml をダブルクリックする。
2. AndroidManifest.xml のファイルがマニフェストエディタで開かれる。マニフェストエディタの Application タブを選択し、右図の画面が表示されることを確認する。

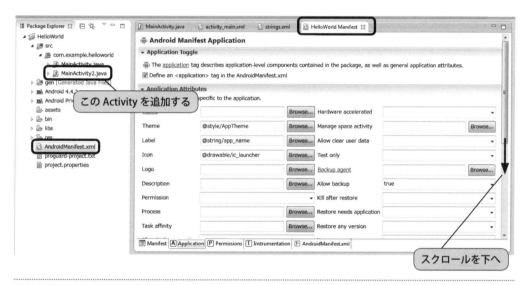

図4.63●マニフェストエディタ

3. Application Nodesの［Add...］ボタンをクリックし、追加要素の選択画面を表示する。
4. 選択画面からActivityを選択し、［OK］ボタンをクリックする。

図4.64●Application Nodesの追加

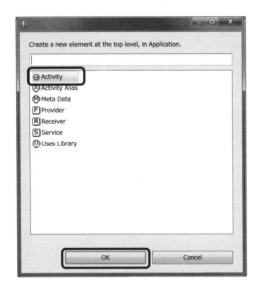

図4.65●追加ダイアログ

5. Application NodesにActivityが追加されていることを確認する。
6. Attributes for Activityの「Name」の［Browse...］ボタンを押す。

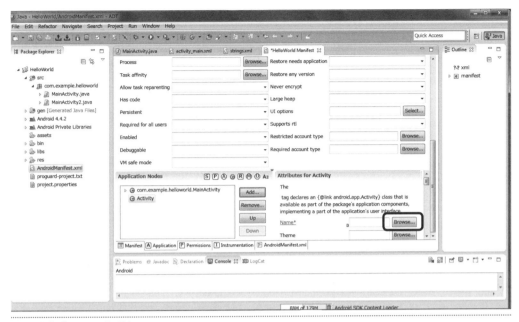

図4.66● [Browse] ボタン

7. Matching Items にプロジェクト内に存在する Activity の一覧が表示されるので、その中から追加したい Activity を選択して [OK] ボタンをクリックする。
8. マニフェストファイルを保存すると、Application Nodes の一覧に上記で追加した Activity 名が表示される。

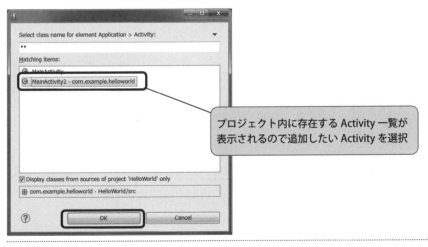

図4.67●Matching Items

第4章 開発ツールの使い方

図4.68●Application Nodesの確認

表4.8●Attributes for Activityの設定値

項目名	設定値
Name	MainActivity2

図4.69●xmlのコードで追加されたことを確認（<activity>）

■ パーミッションの追加

インターネットへのアクセス許可をPermissionsタブで設定してみましょう。

4.4 AndroidManifestファイル

1. Package Explorer から AndroidManifest.xml をダブルクリックする
2. AndroidManifest.xml のファイルがマニフェストエディタで開かれる。マニフェストエディタの Permissions タブを選択し、図 4.70 の画面が表示されることを確認する。
3. Permissions の ［Add...］ ボタンをクリックし、追加要素の選択画面を表示する。

図4.70●Permissionsタブを選択

4. 選択画面から「Uses Permission」を選択し、［OK］ボタンをクリックする。

図4.71●Uses Permissionの選択

5. Permissionsに「Uses Permission」が追加されていることを確認する。
6. 「Attributes for Uses Permission」の「Name」のプルダウンから「android.permission.INTERNET」を選択する。

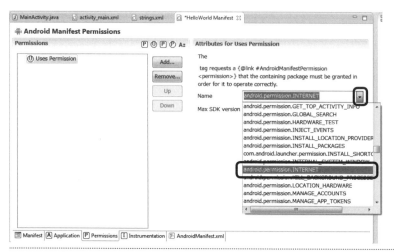

図4.72●パーミッションの選択

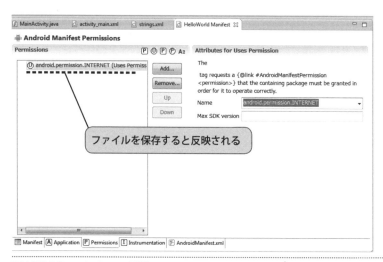

図4.73●Permissionsの確認

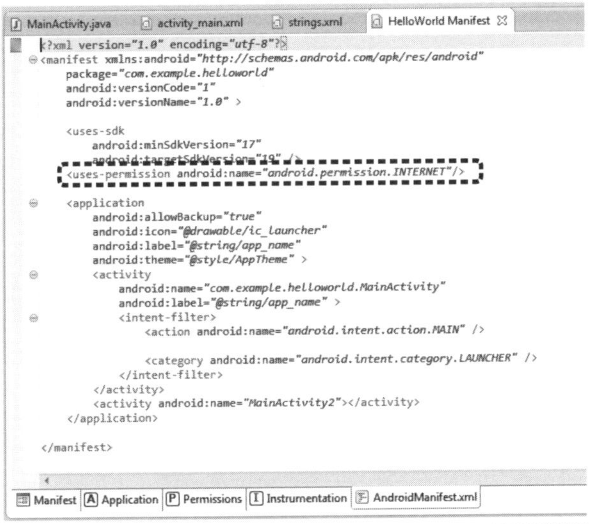

図4.74●xmlのコードで追加されたことを確認（<permission>）

4.5 ログの参照

どのようなプログラムを作った場合でも、それが設計どおりに動作するかどうかを検証する必要があります。思いどおりに動作しなかった場合や、運用上必要な情報を得るために、プログラム中にログを埋めて確認する必要があります。Androidのアプリケーション開発でも同様です。

本節では、Androidアプリケーションのログ出力方法について説明します。

4.5.1　Androidアプリケーションのデバッグ

Androidアプリケーション開発におけるデバッグツールは以下のとおりです。

- ADT

  Eclipseのデバッグ機能(ブレークポイントやステップ実行など)がAndroidアプリケーション開発で利用できます。

第4章 開発ツールの使い方

- Dalvik Debug Monitor Services（DDMS）

　DDMSとはAndroid SDK同梱のデバッグツールです。メモリやスレッド、ログのモニタリングやエミュレータ操作、エミュレータ・ハードウェア内の情報取得などが可能です。

4.5.2　DDMSデバッグ機能

　DDMSを起動してみましょう。ここではEclipseからDDMSを利用する方法について説明します。Eclipseのメニューで［Window］→［Open Perspective］→［DDMS］を選択すると、DDMSのパースペクティブに切り替わります。

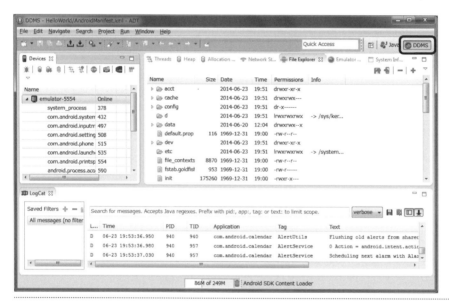

図4.75●DDMS

　DDMSのデバッグ機能は以下のとおりです。

- モニタリング
  - アプリケーションが出力するログの参照
  - リソース使用状況の参照

- エミュレータへのデータ送信
  - 電話発信
  - SMS 送信
  - 位置情報送信

- スクリーンショットの取得
  - 起動中のエミュレータや接続中の実機の画面のスクリーンショット取得実行

- プロセス管理
  - ガベージコレクション実行
  - プロセス停止

- ファイル操作
  - 起動中のエミュレータや接続中の実機内のシステムファイルの操作

4.5.3　アプリケーションログの出力

アプリケーションの Java のコード内でログを出力するには、android.util.Log クラスのログ出力メソッドを使用します。

リスト4.13●サンプルコード

```java
import android.util.Log;

Log.e("HelloWorld", "Error Message");      // エラーを出力するログ
Log.w("HelloWorld", "Warning Message");    // ワーニングを出力するログ
Log.i("HelloWorld", "Infomation Message"); // アプリケーション動作の情報を出力するログ
Log.d("HelloWorld", "Debug Message");      // デバッグ情報を出力するログ
Log.v("HelloWorld", "Verbose Message");    // 詳細情報を出力するログ
```

「HelloWorld」アプリケーションの起動時にログを出力してみましょう。

1. Package Explorer から MainActivity.java をダブルクリックする。
2. MainActivity.java のソースコードが開かれ、下図の画面が表示されることを確認する。

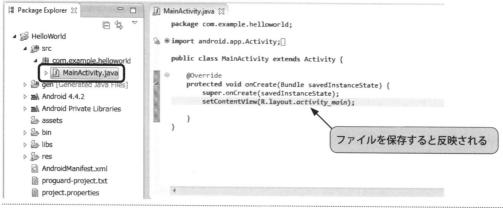

図4.76●ファイルのオープン

3. MainActivity#onCreate にログ出力を行う 5 つのコードを追加する。

リスト4.14●MainActivity.java

```
package jp.oesf.tutorial;

import android.app.Activity;
import android.os.Bundle;
import android.util.Log;

public class MainActivity extends Activity {
    /** Called when the activity is first created. */
    @Override
    public void onCreate(Bundle savedInstanceState) {
        super.onCreate(savedInstanceState);
        setContentView(R.layout.activity_main);

        Log.e("HelloWorld", "Error Message");       // 追加
        Log.w("HelloWorld", "Warning Message");     // 追加
        Log.i("HelloWorld", "Infomation Message");  // 追加
        Log.d("HelloWorld", "Debug Message");       // 追加
        Log.v("HelloWorld", "Verbose Message");     // 追加
    }
```

4. Package Explorer から「HelloWorld」プロジェクトを選択し、右クリックメニューで［Run As］→［Android Application］を選択する。

4.5 ログの参照

5. エミュレータが起動し、次図の画面が表示されることを確認する。
6. Logcatビューでログが表示されていることを確認する。
7. DDMSパースペクティブを開きLogcatビューにログが表示されていることを確認する。

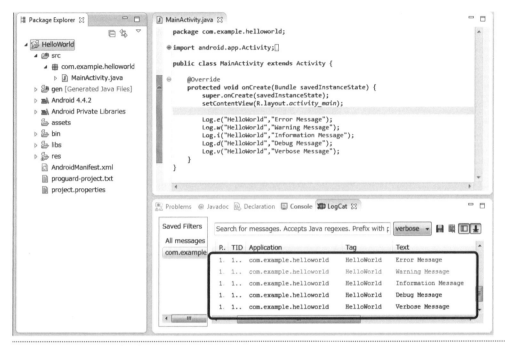

図4.77●Logcatでログの確認

第4章 開発ツールの使い方

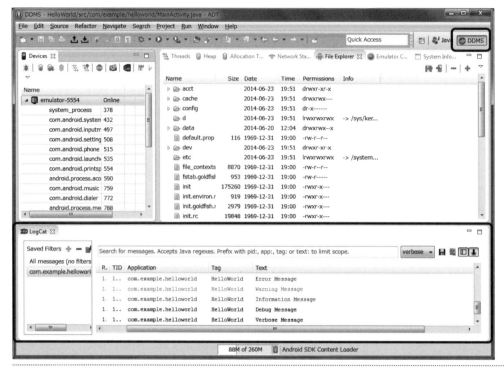

図4.78●DDMSで確認

第 5 章
ユーザーインターフェース (1)

5.1 View

　Viewとは、ボタンやチェックボックスなどの画面を構成するユーザーインターフェースのことです。android.view.ViewクラスはButtonクラスやTextViewクラスなどの基底クラスです。ButtonやTextViewなどのクラスはandroid.widgetパッケージに配置されているため、具体的なユーザーインターフェースはウィジェットとも呼ばれます。また、複数のViewをまとめる機能をもったViewをViewGroupと呼びます。

5.1.1　Viewの例

Viewには次のようなものがあります（詳細については後述します）。

TextView　　テキストを表示します。
Button　　　基本的な押しボタンです。ユーザーのクリック操作に対応しています。
CheckBox　　ON/OFFという状態をもっています。クリックすることで状態を変更することができます。

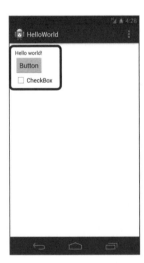

図5.1●Viewの例

5.1.2 View プロパティ

View をどのように表示するかを決定するのが View プロパティです。View のサイズや表示する文字、画像、色、余白の大きさなどの情報をプロパティとして設定します。どんなプロパティが使えるかは View によってさまざまですが、共通するプロパティも存在します。プロパティはレイアウトリソースの xml の属性で指定します。また、Eclipse にはプロパティを設定するためのプロパティビューが用意されています。

id	ビューの ID
layout_width	ビューの幅
layout_height	ビューの高さ
layout_margin	ビューの外側の余白
padding	ビューの内側の余白

```
<Button
    android:id="@+id/button1"
    android:layout_width="wrap_content"
    android:layout_height="wrap_content"
    android:layout_alignLeft="@+id/textView1"
    android:layout_below="@+id/textView1"
    android:text="Button" />
```

5.2 View の作成

Eclipse のレイアウトエディタを使って、いろいろな View を作成してみましょう。

- TextView
- EditText
- Button
- CheckBox
- ImageView
- ProgressBar

5.2.1 TextView

TextView は、テキスト（文字列）を表示するための View です。文字列のサイズや色などを変更することができます。

TextView の使い方

TextView を使って、「Hello Android!」と表示させてみましょう。

図5.2●TextViewの使用例

まず、レイアウトファイルをエディタで開き、TextView を選択します。TextView を画面上にドラッグ＆ドロップします。

図5.3●TextViewを選択してドラッグ&ドロップ

次に、Stringリソースを追加します。res/values/strings.xmlをエディタで開き、リソースツール上から表示するテキストを追加します。

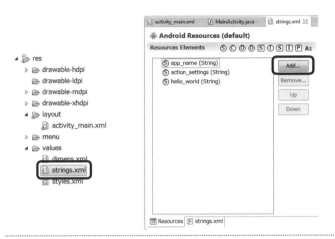

図5.4● strings.xmlをダブルクリックしてリソースエディタを表示し（左図）、[Add...]ボタンをクリックしてリソース一覧ウィンドウを表示する（右図）。

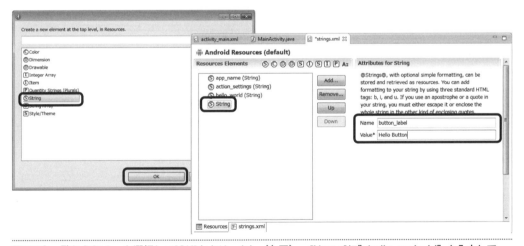

図5.5● 一覧からStringを選択して[OK]をクリックし（左図）、[Name]に"hello_android"と入力して[Value]に""と入力する（右図）。

そして、TextViewに表示する文字列を変更します。プロパティの設定値を次のように変更します。

text　　　@string/hello_android

```
<RelativeLayout xmlns:android="http://schemas.android.com/apk/res/android"
    ⋮
    >

    <TextView
        android:id="@+id/textView1"
        android:layout_width="wrap_content"
        android:layout_height="wrap_content"
        android:text="@string/hello_android" />

</RelativeLayout>
```

これで完了です。アプリケーションを実行し、TextViewの値が「Hello Android!」になっていることを確認してください。

TextViewの見た目を変更する

テキストのサイズと色を変更してみましょう。

図5.6●TextViewの見た目を変更した様子

まず、Colorリソースファイルを作成します。色を定義したcolors.xmlを次の手順で作成します。

1. /res/valuesを選択した状態でAndroidXMLファイル作成ボタンをクリックする。
2. ファイル名に「colors.xml」と指定し、[Finish] ボタンをクリックする。
3. /res/values以下にcolors.xmlが作成されていることを確認する。

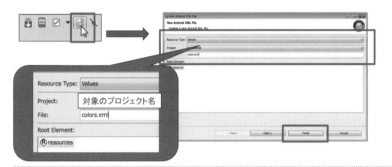

図5.7●Colorリソースファイルの作成

作成したColorリソースを次の手順で追加します。

1. res/values/colors.xmlをダブルクリックしてリソースエディタを起動する。
2. [add] ボタンをクリックし、一覧ウインドウからからColorリソースを選択する。
3. nameの値を「hello_android_color」、Valueの値を「#FF0000」に設定する。

なお、色の値は「#」に続けて16進数のRGB値を並べて設定します。RGBは左からRed、Green、Blueの値をそれぞれ0〜FFで設定するので、「#FF0000」は赤色になります。

図5.8●Colorリソースの追加

次に、以下の手順でDimensionリソースを追加します。

1. res/values/dimens.xmlをダブルクリックしてリソースエディタを起動する。
2. [add] ボタンをクリックし、一覧ウインドウからDimensionリソースを選択する。
3. nameの値を「hello_android_text_size」、Valueの値を「30sp」に設定する。

なお、Androidではテキストサイズの単位はspで指定することが推奨されています。

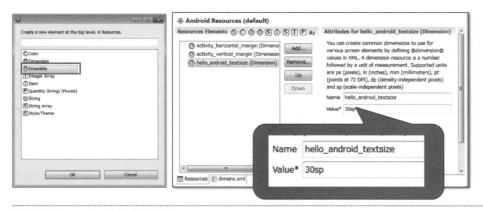

図5.9●Dimensionリソースの追加

TextView のプロパティを変更します。テキスサイズとテキストカラーの設定値を次のように変更してください。

textColor   @color/hello_android_color
textSize   @dimen/hello_android_text_size

```
<RelativeLayout xmlns:android="http://schemas.android.com/apk/res/android"
    ⋮
    >

    <TextView
        android:id="@+id/textView1"
        android:layout_width="wrap_content"
        android:layout_height="wrap_content"
        android:text="@string/hello_android"
        android:textColor="@color/hello_android_color"
        android:textSize="@dimen/hello_android_text_size" />

</RelativeLayout>
```

これで完了です。アプリケーションを実行して、テキストカラーとテキストサイズが変更されていることを確認してください。

5.2.2 EditText

EditText は、テキスト入力することができる View です。

EditText の使い方

EditText を使って、「Hello Android!」と表示させてみましょう。

図5.10●EditTextの使用例

まず、レイアウトファイルをエディタで開き、EditText を選択します。EditText を画面上にドラッグ＆ドロップします。レイアウトエディタで表示する Android のバージョンを 19 にするのを忘れないでください。

図5.11●Androidのバージョンを19にする

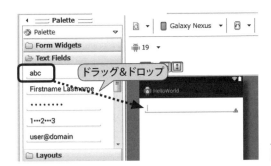

図5.12●EditTextを選択してドラッグ&ドロップ

次に、EditView のプロパティの設定値を以下のように変更します。

text	@string/hello_android
layout_width	wrap_content
layout_height	wrap_content

layout_width と layout_height にはそれぞれ、View の縦と横の長さを指定します。次のような値を指定できます。

wrap_content	内容に応じて、適したサイズに設定される。
match_parent	所属している ViewGroup のサイズの最大値が設定される。
数値＋単位	数値＋単位でサイズを指定する。単位には dp を使うのが一般的。

```xml
<RelativeLayout xmlns:android="http://schemas.android.com/apk/res/android"
    ⋮
    >

    <EditText
        android:id="@+id/editText1"
        android:layout_width="match_parent"
        android:layout_height="wrap_content"
        android:layout_alignParentLeft="true"
        android:layout_alignParentTop="true"
        android:text="@string/hello_android"
        android:ems="10" >

        <requestFocus />
```

```
    </EditText>

</RelativeLayout>
```

これで完了です。アプリケーションを実行して EditText が表示されていることを確認してください。

5.2.3 Button

基本的な押しボタンです。クリックイベントによって押したときに行う処理を実装することができます。基本的な押ボタン以外にも、ToggleButton や CheckBox など押した状態を管理するボタンも存在します。

Button の使い方

次図のような Button を表示させてみましょう。

図5.13●Buttonの使用例

まず、レイアウトファイルをエディタで開き、Button を選択します。Button を画面上にドラッグ＆ドロップします。

図5.14●Buttonを選択してドラッグ&ドロップする

次に、Button のプロパティの設定値を以下のように変更します。

layout_width　　match_parent
layout_height　　wrap_content

```
<RelativeLayout xmlns:android="http://schemas.android.com/apk/res/android"
    ⋮
    >

    <Button
        android:id="@+id/button1"
        android:layout_width="match_parent"
        android:layout_height="wrap_content"
        android:layout_alignParentLeft="true"
        android:layout_alignParentTop="true"
        android:text="Button" />

</RelativeLayout>
```

これで完了です。アプリケーションを実行し Button が表示されていることを確認します。

5.2.4　ボタンをクリックする

アプリケーションを実行し、ボタンをクリックしても何も起こりません。これはボタンのクリックイベントを取得していなからです。ボタンが押された時に処理を行うにはクリックイベントに対応した処理を実装しないといけません。

イベントの仕組み

ボタンをクリックすると「イベント」というものが発生します。このイベントをプログラムで認識するためには「イベントリスナ」を準備する必要があります。イベントを認識したいボタンに対して、あらかじめ作成したイベントリスナを登録しておきます。クリックイベントが発生すると、onClick メソッドが呼び出されます。プログラムは、このメソッドにボタンがクリックされた時の処理を実装します。

イベントはクリックイベントの他に、チェックイベントやタッチイベントなどがあり、各イベントに対応した「イベントリスナ」が用意されています。

クリックイベントを取得する

ボタンのクリックのイベント処理を追加してみましょう。ボタンがクリックされたときに、ボタンの表示テキストを変更します。ボタンのイベントに対応したイベントリスナは「View.OnClickListener インターフェース」です。

ここではクリックイベントを Activity クラスに記述します。そのため、次の手順でイベントリスナを Activity に実装します。

1. View.OnClickListener インターフェースを実装する。
2. onClick メソッドを追加し、ボタンクリック時の処理を追加する。
3. Button にイベントリスナをセットする処理を追加する。

表5.1●View.OnClickListener

戻り値	メソッド	説明
void	onClick(View v)	クリックイベントに対応したインターフェース
		引数 　View v 　　クリックされた View

■（1）View.OnClickListener インターフェースを実装する

MainActivity.java をダブルクリックし、ソースエディタを表示させます。MainActivity クラスが次のように定義されています。

```
public class MainActivity extends Activity {
```

　extends Activityのうしろに「impl」と入力して、[Ctrl] + [Space] を押します。implements
と補完されることを確認します。

```
public class MainActivity extends Activity implements{
```

　続いて「oncl」と入力し、[Ctrl] + [Space] を押します。インターフェースの候補が表示
されるので、「OnClickListener - android.view.View」を選択します。

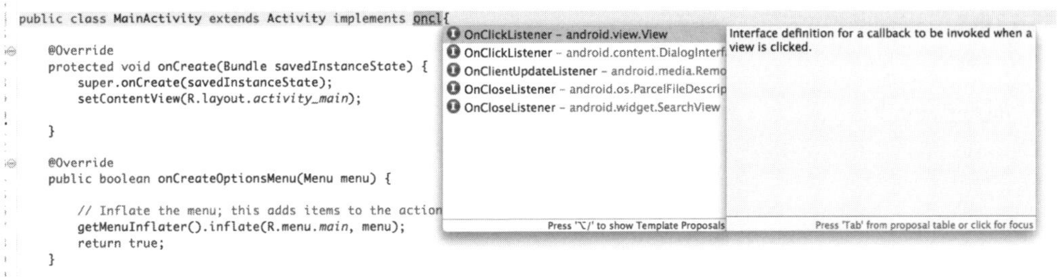

図5.15●OnClickListener - android.view.Viewを選択

　MainActivity クラスにエラーが発生し、次のような×マークと赤い波線が確認できます。

図5.16●MainActivityクラスにエラー発生

　エラー行で [Ctrl] + [1] を押すとエラー修正候補が表示されるので、「Add unimplemented
methods」を選択します。

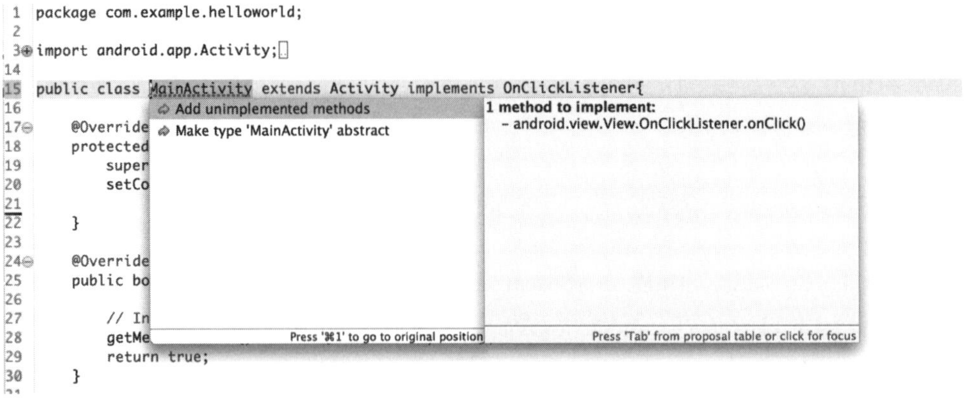

```
 1  package com.example.helloworld;
 2
 3  import android.app.Activity;
14
15  public class MainActivity extends Activity implements OnClickListener{
16       ⊕ Add unimplemented methods          1 method to implement:
17       @Override                             - android.view.View.OnClickListener.onClick()
         ⊕ Make type 'MainActivity' abstract
18       protected
19           super
20           setCo
21
22       }
23
24       @Override
25       public bo
26
27           // I
28           getMe   Press '⌘1' to go to original position    Press 'Tab' from proposal table or click for focus
29           return true;
30       }
```

図5.17●エラー修正候補を表示した様子

MainActivity クラスに次のように onClick メソッドが追加されたことを確認します。

```
@Override
public void onClick(View v) {
    // TODO Auto-generated method stub

}
```

■（2）Button にイベントリスナをセットする処理を追加する

MainActivity クラスの onCreate メソッドに、Button にイベントリスナをセットする処理を追加します。イベントリスナのセットは、setOnCliclListener メソッドのを呼び出します。引数には View.OnClickListener インターフェースを実装したクラスのオブジェクトを渡します。

```
public void setOnClickListener(OnClickListener l)
```

MainActivity クラスの onCreate メソッドにイベントリスナを登録するために、setOnClickListener メソッドの呼び出しを追加します。ボタンにイベントリスナをセットするためには、MainActivity に Button オブジェクトが必要になります。

MainActivity クラスに Button 型のメンバ変数を宣言します。「But」と入力したところで［Ctrl］＋［Space］を押すと「Button」と補完され、「import android.widget」が追加されます。

```
import android.widget.Button;
```

```
public class MainActivity extends Activity implements OnClickListener{

    private Button button;
```

　onCreateメソッドでButtonオブジェクトを取得します。レイアウトファイルに定義されているViewを取得するには、findViewByIdメソッドを使います。引数にはリソースIDを指定します。リソースIDはレイアウトファイルで定義します。

```
public View findViewById (int id)
```

表5.2●findViewById

戻り値	メソッド	説明
View	findViewById	リソースIDを使ってを指定していして、Viewを取得する。
		引数 - int id 　　リソースID

　今回取得したいButtonオブジェクトは、レイアウトファイルでは次のように定義されています。

```
<Button
    android:id="@+id/button1"
    android:layout_width="match_parent"
    android:layout_height="wrap_content"
    android:layout_alignParentLeft="true"
    android:layout_alignParentTop="true"
    android:text="Button" />
```

　リソースIDは、「android:id」プロパティ値が「@+id/button1」になっています。「@+id/」以降の文字列を「R.id.」以降に指定します。今回の例では、リソースIDは「R.id.button1」です。

```
button = (Button)findViewById(R.id.button1);
```

　取得したButtonにイベントリスナをセットします。今回の例ではActivityにOnCliskListenerを実装しているので、引数にthisを指定します。

```
button.setOnClickListener(this);
```

第5章 ユーザーインターフェース（1）

■（3）onClick メソッドに、ボタンクリック時の処理を追加する

ボタンがクリックされた時の処理を onClick メソッドに追加します。Button クラスの setText メソッドを使えばボタンの文字列を設定できます。

onClick メソッドに次のように記述して、Button の表示文字列を「clicked!」に設定します。

```java
@Override
public void onClick(View v) {
    button.setText("clicked!");
}
```

MainActivity クラスは次のようになります。

リスト5.1●MainActivityクラス

```java
package com.example.chap05_view_examples;

import android.os.Bundle;
import android.app.Activity;
import android.view.Menu;
import android.view.View;
import android.view.View.OnClickListener;
import android.widget.Button;

public class MainActivity extends Activity implements OnClickListener{

    private Button button;

    @Override
    protected void onCreate(Bundle savedInstanceState) {
        super.onCreate(savedInstanceState);
        setContentView(R.layout.activity_main);

        button = (Button)findViewById(R.id.button1);
        button.setOnClickListener(this);
    }

    @Override
    public boolean onCreateOptionsMenu(Menu menu) {
        // Inflate the menu; this adds items to the action bar if it is present.
        getMenuInflater().inflate(R.menu.main, menu);
        return true;
```

```
    }

    @Override
    public void onClick(View v) {
        button.setText("clicked!");
    }

}
```

5.2.5 onClick メソッドでクリックしたビューを判断する方法

　複数の Button に対してイベントリスナの登録を行うと、全ての Button のクリックイベントが onClick メソッド集中します。

```
button1 = (Button)findViewById(R.id.button1);
button1.setOnClickListener(this);
button2 = (Button)findViewById(R.id.button2);
button2.setOnClickListener(this);
```

　そのため、onClick メソッドで処理の振り分けが必要になります。処理を振り分けるには、引数 View からビューの id を取得して判断します。次のコードは、「android:id="@+id/button1"」がクリックされたことを判断する例です。

```
public void onClick(View v) {
    if(v.getId() == R.id.button1){
        // button1がクリックされたときの処理

    }else if(v.getId() == R.id.button2){
        // button2がクリックされたときの処理

    }
}
```

5.2.6 ［実習］Button の作成

クリックすると表示文字列が「clicked!」に変わる Button を作成してください（解答は付録を参照）。

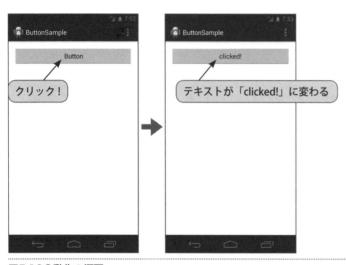

図5.18●動作の概要

表5.3●プロジェクト概要

項目	設定値
Project Name	ButtonSample
Build Target	4.4
Aplication name	ButtonSample
Package	com.example.buttonsample
Create Activity	MainActivity

5.2.7　Button に OnClickListener を実装する方法

ここでは MainActivity クラスに View.OnClickListener インターフェースを実装しましたが、その他の方法を紹介します。実装方法には次のような方法があります。

● 匿名クラスを使って OnClickListener を実装する。

- レイアウトファイルに onClick を設定する。

匿名クラスを使って OnClickListener を実装する

匿名の内部クラスを使って実装することができます。

1. Button#setOnClickListener で引き数内で OnClickListener を生成する。
2. OnClick メソッドをオーバライドする。

```
Button bt = (Button)findViewById(R.id.button1);
bt.setOnClickListener(new OnClickListener() { ------------------------------------------①

    @Override
    public void onClick(View v) {
        // クリックされたときの処理 ------------------------------------②
    }
});
```

レイアウトファイルに onClick を設定する

レイアウトファイルに OnClickListener を設定することができます。

1. View の onClick プロパティに、クリック時に呼び出したいメソッド名を設定します。ここでは onClickButton を指定します。

```
<Button
    android:id="@+id/button1"
    android:layout_width="match_parent"
    android:layout_height="wrap_content"
    android:layout_alignParentLeft="true"
    android:layout_alignParentTop="true"
    android:onClick="onClickButton"
    android:text="Button" />
```

2. Activity に onClickButton メソッドを追加します。引数には View を指定します。

```
public void onClickButton(View v) {
    button.setText("clicked!");
}
```

5.2.8 CheckBox

CheckBoxは選択状態を持つことができるViewです。CheckBoxをタップすると選択状態を変更することができます。

CheckBoxの使い方

CheckBoxを使って、「Hello Android!」と表示させてみましょう。

図5.19●CheckBoxの使用例

まず、レイアウトエディタを使ってCheckBoxを配置します。

図5.20●CheckBoxを選択してドラッグ&ドロップする

そして、CheckBox のプロパティの設定値を次のように変更します。

text　　@string/hello_android

```
<RelativeLayout xmlns:android="http://schemas.android.com/apk/res/android"
    ⋮
    >

    <CheckBox
        android:id="@+id/checkBox1"
        android:layout_width="wrap_content"
        android:layout_height="wrap_content"
        android:layout_alignParentLeft="true"
        android:layout_alignParentTop="true"
        android:text="CheckBox" />

</RelativeLayout>
```

これで完了です。アプリケーションを実行して CheckBox が表示されていることを確認してください。また、CheckBox をクリックするとチェック状態が変わることも確認してください。

チェック状態の変更通知を受け取る方法

CheckBox のチェック状態の変更通知を受け取るには、OnCheckedChangeListener を使用します。onCheckedChanged メソッドの引数 isChecked を使用してチェック状態を取得します。onClickListener の場合と違って、ユーザーがクリックしなくてもチェック状態が変更されると呼び出されます。

```
checkBox.setOnCheckedChangeListener(new OnCheckedChangeListener() {

    @Override
    public void onCheckedChanged(CompoundButton buttonView, boolean isChecked) {
        if (isChecked) {
            // チェックされた状態の時の処理を記述
        } else {
            // チェックされていない状態の時の処理を記述
        }

    }
});
```

5.2.9 ImageView

ImageViewは画像を表示することができるViewです。

ImageViewの使い方

ImageViewを使って、ic_launcher.pngを表示させてみましょう。

図5.21●ImageViewの使い方

まず、画像リソースを準備します。表示させたい画像をres/drawable(-hdpi、-xhdpiなど)フォルダ内に用意します(エクスプローラからドラッグ&ドロップで配置できます)。デフォルトで、アプリケーションのランチャーアイコンが保存されています。

図5.22●リソースフォルダの様子

次に、レイアウトエディタを使ってImageViewを配置します。配置すると、自動的に

Resource Chooser ウィンドウが表示されます。一覧から ic_launcher を選択します。

図5.23● ImageViewを選択してドラッグ&ドロップする

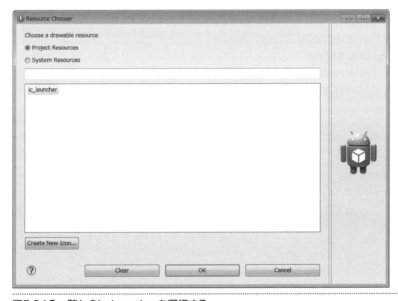

図5.24●一覧からic_launcherを選択する

それから、ImageView の src プロパティが選択した画像リソースに設定されていることを確認します。

src　@drawable/ic_launcher

```
<RelativeLayout xmlns:android="http://schemas.android.com/apk/res/android"
    :
```

```
    >

    <ImageView
        android:id="@+id/imageView1"
        android:layout_width="wrap_content"
        android:layout_height="wrap_content"
        android:layout_alignParentLeft="true"
        android:layout_alignParentTop="true"
        android:src="@drawable/ic_launcher" />

</RelativeLayout>
```

これで完了です。アプリケーションを実行し、ImageView が表示されていることを確認してください。

5.2.10　ProgressBar

ProgressBar は、処理の進捗状況を表示するための View です。回転タイプのものと進捗バータイプのものなど、見た目を変更することができます。

■ ProgressBar の使い方

次のような 2 種類の ProgressBar を表示させてみましょう。

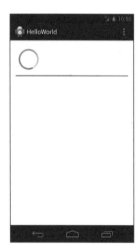

図5.25●ProgressBarの使用例

まず、レイアウトエディタを使って2種類のProgressBarを配置します。

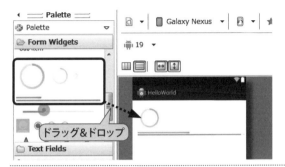

図5.26●ProgressBarを選択してドラッグ&ドロップする

ProgressBarのプロパティの設定値を、一方だけ（ProgressBar2だけ）次のように変更します。

style	?android:attr/progressBarStyleHorizontal
progress	50
max	100
secondaryProgress	75

```xml
<RelativeLayout xmlns:android="http://schemas.android.com/apk/res/android"
    ⋮
    >

    <ProgressBar
        android:id="@+id/progressBar1"
        style="?android:attr/progressBarStyleLarge"
        android:layout_width="wrap_content"
        android:layout_height="wrap_content"
        android:layout_alignParentLeft="true"
        android:layout_alignParentTop="true" />

    <ProgressBar
        android:id="@+id/progressBar2"
        style="?android:attr/progressBarStyleHorizontal"
        android:layout_width="match_parent"
        android:layout_height="wrap_content"
        android:progress="50"
        android:max="100"
```

```
        android:secondaryProgress="75"
        android:layout_alignLeft="@+id/progressBar1"
        android:layout_below="@+id/progressBar1" />

</RelativeLayout>
```

これで完了です。アプリケーションを実行してProgressBarが表示されていることを確認してください。

5.3 ViewGroup

ViewGroupは、内部にTextViewなどの他のViewを含むことができるViewです。ViewGroupの内部に他のViewGroupを含むこともできます。

次の例では、LinearLayoutを使って、内部にTextViewを配置しています。

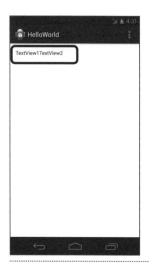

図5.27●ViewGroupの例

5.3.1 LinearLayout

LinearLayoutは、Viewを垂直方向または水平方向に配置することができるViewGroupです。

LinearLayoutの使い方

2つのTextViewを垂直方向に配置してみましょう。それぞれのTextViewには「TextView1」「TextView2」と表示させます。

図5.28●LinearLayoutの使用例

まず、LinearLayoutを追加します。デフォルトはRelativeLayoutになっているため、LinearLayoutに変更してTextViewを2つ追加します。

図5.29●プレビュー画面上で右クリックメニューから［Change Layout］を選択

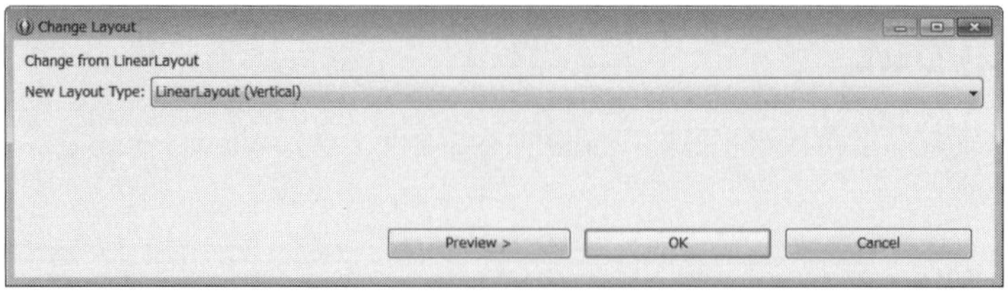

図5.30● 「New Layout Type」を「LinearLayout(Vertical)」に変更

図5.31●TextViewを2つ追加

そして、プロパティを変更します。「New Layout Type」で「LinearLayout(Horizontal)」を選択すると、orientaionプロパティの値がhorizontalに設定されます。orientationプロパティは、Viewの配置する方向を設定します。verticalを指定すると垂直方向に配置され、horizontalを指定すると水平方向に配置されます。

orientation　　horizontal

```
<LinearLayout xmlns:android="http://schemas.android.com/apk/res/android"
    xmlns:tools="http://schemas.android.com/tools"
    android:id="@+id/LinearLayout1"
    android:layout_width="match_parent"
    android:layout_height="match_parent"
    android:orientation="vertical"
    android:paddingBottom="@dimen/activity_vertical_margin"
    android:paddingLeft="@dimen/activity_horizontal_margin"
    android:paddingRight="@dimen/activity_horizontal_margin"
    android:paddingTop="@dimen/activity_vertical_margin"
    tools:context=".MainActivity" >

    <TextView
```

```
            android:id="@+id/textView1"
            android:layout_width="wrap_content"
            android:layout_height="wrap_content"
            android:text="TextView1" />

    <TextView
            android:id="@+id/textView2"
            android:layout_width="wrap_content"
            android:layout_height="wrap_content"
            android:text="TextView2" />

</LinearLayout>
```

これで完了です。アプリケーションを実行し、TextViewが横並びで表示されていることを確認してください。

5.3.2 ScrollView

ScrollViewはスクロール可能なViewです。UIが画面内に収まりきらなくなったときに画面をスクロールすることができます。

ScrollViewの使い方

ScrollViewを配置し、その中に複数のButtonを配置してみましょう。

図5.32●ScrollViewの使用例

レイアウトファイルをエディタで開き、ScrollView を選択して画面上にドラッグ＆ドロップします。Outline ビューに ScrollView と LinearLayout が追加されていることを確認します。

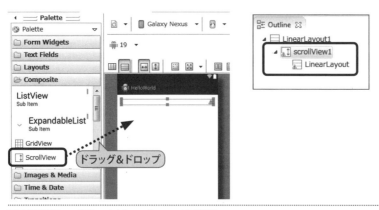

図5.33●ScrollViewとLinearLayoutを追加

次に Button を選択し、ScrollView 内にドラッグ＆ドロップを繰り返し、複数の Button を配置します。

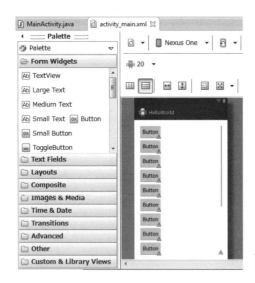

図5.34●複数のButtonを配置

これで完了です。アプリケーションを実行し、画面がスクロール可能になっていることを確認してください。

5.3.3 FrameLayout

FrameLayoutは、一つのViewを配置することを目的としたレイアウトです。FrameLayoutに追加したViewは、デフォルトでは親となるFrameLayoutの左隅（座標(0, 0)の位置）に配置されます。複数のViewを配置した場合も親となるFrameLayoutの左隅の位置に表示されるので、配置したViewが重なって表示されます。

利点　View同士を重ねることができます。
欠点　Viewを整列させることは困難です。

■ FrameLayoutの使い方

FrameLayoutにTextViewとImageViewを配置してみましょう。

図5.35●FrameLayoutの使用例

まず、FrameLayoutを追加します。プレビュー画面上で右クリックメニューから［Change Layout］を選択し、「FrameLayout」に変更してから、TextViewとImageViewの順番で追加します。

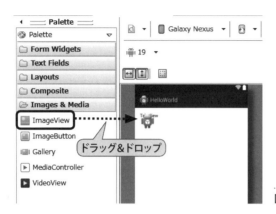

図5.36●FrameLayoutを追加

プロパティはデフォルトの設定のものを使います。

```
<FrameLayout xmlns:android="http://schemas.android.com/apk/res/android"
    xmlns:tools="http://schemas.android.com/tools"
    android:id="@+id/FrameLayout1"
    android:layout_width="match_parent"
    android:layout_height="match_parent"
    android:paddingBottom="@dimen/activity_vertical_margin"
    android:paddingLeft="@dimen/activity_horizontal_margin"
    android:paddingRight="@dimen/activity_horizontal_margin"
    android:paddingTop="@dimen/activity_vertical_margin"
    tools:context=".MainActivity" >

    <TextView
        android:id="@+id/textView1"
        android:layout_width="wrap_content"
        android:layout_height="wrap_content"
        android:text="TextView1" />

    <ImageView
        android:id="@+id/imageView1"
        android:layout_width="wrap_content"
        android:layout_height="wrap_content"
        android:src="@drawable/ic_launcher" />

</FrameLayout>
```

これで完了です。アプリケーションを実行し、TextView と ImageView が重なって表示されていることを確認してください。

5.3.4 RelativeLayout

RelativeLayout は、View（親）の位置を決め、その位置を元に View（子）の位置を相対的に（Relative）に指定することができる ViewGroup です。相対的に参照される View（親）は　参照する View（子）よりも先に定義する必要があります。

- **利点** 基準となる View（親）の位置を変更すると View（親）を基準として配置した View（子）の位置も自動的に変更されます。
- **欠点** 基準となっている View（親）を削除することができなくなります。削除した場合、View（子）は画面のどこに配置されるかわかりません。もしかしたら、画面から見えなくなってしまうかもしれません。

RelativeLayout は、次のようなプロパティを使って View を相対的に配置します。

表5.4●RelativeLayoutのプロパティ

プロパティ	説明
layout_centerInParent	指定した View を画面の中心に親として配置する
layout_above	基準となる View の上に表示する
layout_below	基準となる View の下に表示する
layout_toLeftOf	基準となる View の左に表示する
layout_toRightOf	基準となる View の右に表示する
layout_alignLeft	指定した View の左側の境界に合わせて整列する
layout_alignRight	指定した View の右側の境界に合わせて整列する
layout_alignTop	指定した View の上側の境界に合わせて整列する
layout_alignBottom	指定した View の下側の境界に合わせて整列する

RelativeLayoutの使い方

RelativeLayoutを使ってViewを配置してみましょう。

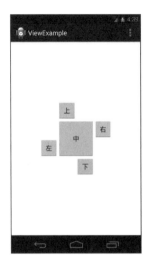

図5.37●RelativeLayoutの使用例

RelativeLayoutは、RelativeLayoutプロジェクトを新規作成した直後の状態で、すでにactivity_main.xmlに追加されています。次の手順でButtonを5つ配置しましょう。

1. 基準となる中ボタンを配置する。
   RelativeLayoutでは、Viewをドラッグ＆ドロップするときに補助線が表示されます。補助線を見ながら、ボタンを画面中央にドラッグ＆ドロップします。そして、ボタンのlayout_widthとlayout_heightの値を「100dp」に設定します。

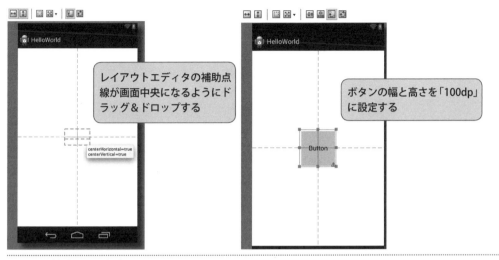

図5.38●基準となる中ボタンを配置

2. 中ボタンを基準に上ボタンと下ボタンを追加する。

   補助線を確認しながら、中ボタンの上下にボタンを追加します。細かい設定はxmlエディタで行うので、多少ずれても無視してください。そして、上下ボタンのlayout_widthとlayout_heightの値を「50dp」に設定します。

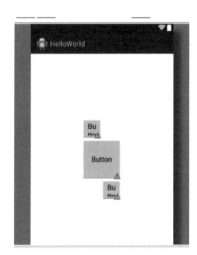

図5.39●中ボタンを基準に上ボタンと下ボタンを追加

3. 中ボタンを基準に左ボタン、右ボタンを追加する。

    補助線を確認しながら、中ボタンの左右にボタンを追加します。そして、上下ボタンのlayout_width と layout_height の値を「50dp」に設定します。

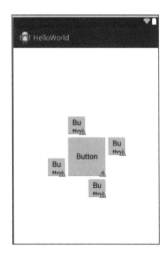

図5.40●中ボタンを基準に左ボタン、右ボタンを追加

4. 各 Button のテキスト文字列、上、中、下、左、右をリソースで定義する。

    string.xml に各ボタンに表示する文字列を定義します。

```
<string name="center">中</string>
<string name="avobe">上</string>
<string name="below">下</string>
<string name="right">右</string>
<string name="left">左</string>
```

5. 各 Button のプロパティを変更する。

    作成した文字列リソースを各ボタンに設定し、その他のプロパティの値を確認します。自動追加されるコードは親子の関係と位置情報が、余計な余白（mergin）などが設定されていたり違う親を指していたりなど、期待した値ではない場合があります。自動追加されたコードが正しいかを確認し、違っていた場合は次のように修正します。

表5.5●5つのボタンのプロパティ設定

ボタン	プロパティ
中ボタン	Id: @+id/center layout_width: 100dp layout_height: 100dp layout_centerInParent: true（指定した View を画面の中心に親として配置する） text: @string/center
上ボタン	id: @+id/avobe layout_width: 50dp layout_height: 50dp layout_above: @+id/center layout_alignLeft: @+id/center text: @string/avobe
下ボタン	id: @+id/below layout_width: 50dp layout_height: 50dp layout_below: @+id/center layout_alignRight: @+id/center text: @string/below
左ボタン	id: @+id/left layout_width: 50dp layout_height: 50dp layout_toLeftOf: @+id/center layout_alignBottom: @+id/center text: @string/left
右ボタン	id: @+id/right layout_width: 50dp layout_height: 50dp layout_toRightOf: @+id/center layout_alignTop: @+id/center text: @string/right

```
<RelativeLayout xmlns:android="http://schemas.android.com/apk/res/android"
    xmlns:tools="http://schemas.android.com/tools"
      :
    >

    <Button
        android:id="@+id/center"
        android:layout_width="100dp"
        android:layout_height="100dp"
        android:layout_centerInParent="true"      ← 親となって画面中央に配置する
        android:text="@string/center" />
```

```xml
    <Button
        android:id="@+id/below"
        android:layout_width="50dp"
        android:layout_height="50dp"
        android:layout_below="@+id/center"         ← 親Viewが中ボタンで、その下に配置する
        android:layout_alignRight="@+id/center"    ← 親Viewに対し、右揃えで配置する
        android:text="@string/below" />

    <Button
        android:id="@+id/avobe"
        android:layout_width="50dp"
        android:layout_height="50dp"
        android:layout_above="@+id/center"         ← 親Viewが中ボタンで、その上に配置する
        android:layout_alignLeft="@+id/center"     ← 親Viewに対し、左揃えで配置する
        android:text="@string/avobe" />

    <Button
        android:id="@+id/left"
        android:layout_width="50dp"
        android:layout_height="50dp"
        android:layout_toLeftOf="@+id/center"      ← 親Viewが中ボタンで、その左に配置する
        android:layout_alignBottom="@+id/center"   ← 親Viewに対し、下揃えで配置する
        android:text="@string/left" />

    <Button
        android:id="@+id/right"
        android:layout_width="50dp"
        android:layout_height="50dp"
        android:layout_toRightOf="@+id/center"     ← 親Viewが中ボタンで、その右に配置する
        android:layout_alignTop="@+id/center"      ← 親Viewに対し、上揃えで配置する
        android:text="@string/right" />

</RelativeLayout>
```

これで完了です。アプリケーションを実行し、次のことを確認してください。

- 画面中央に中ボタン
- 中ボタンの上に左揃えで上ボタン
- 中ボタンの下に右揃えで下ボタン
- 中ボタンの左に下揃えで左ボタン

● 中ボタンの右に上揃えで右ボタン

5.4 OptionMenu

OptionMenu は、［MENU］ボタンを押すことで表示されるメニューです。

5.4.1 OptionMenu の使い方

OptionMenu に「Hello Android!」と表示させてみましょう。さらに、Hello Android! が選択された時にログを出力させましょう。

Le| Time	PID	TID	Application	Tag	Text
V 12-08 04:19:53.204	2907	2907	com.example.viewe...	MainActivity	Hello Androidが選択されました。

図5.41●OptionMenuの使用例

第5章 ユーザーインターフェース (1)

≡ menu リソースの修正

　OptionMenu 用のリソースファイルは、プロジェクト作成時に res/menu/ フォルダ以下にファイル名「main.xml」で用意されています。main.xml ファイルに Hello Android! メニューを追加します。

1. main.xml をダブルクリックし、リソースエディタを起動する。
2. Add ボタンをクリックし、一覧から Item を選択する。
3. 新規メニューに次の値を設定する。
   - **id**　　　　@+id/item1
   - **Title**　　@string/hello_android

```xml
<menu xmlns:android="http://schemas.android.com/apk/res/android" >

    <item
        android:id="@+id/action_settings"
        android:orderInCategory="100"
        android:title="@string/action_settings"/>
    <item
        android:id="@+id/item1"
        android:title="@string/hello_android">
    </item>

</menu>
```

≡ MainActivity の修正

　MainActivity には、メニューを表示する処理とメニューが選択された時の処理を追加します。

≡ メニューを表示する処理を追加する

　Menu ボタンを押した時に OptionMenu を表示する処理を追加します。Menu ボタンを押すと、Activity の onCreateOptionsMenu メソッドが呼び出されます。このメソッドをオーバーライドし、OptionMenu の表示処理を追加します。このメソッドは、プロジェクト作成時にすでに追加されています。

```
public class MainActivity extends Activity {
    ⋮
    @Override
    public boolean onCreateOptionsMenu(Menu menu) {
        // Inflate the menu; this adds items to the action bar if it is present.
        getMenuInflater().inflate(R.menu.main, menu);
        return true;
    }

}
```

メニューが選択された時の処理を追加する

表示されたメニューを選択すると、onOptionsItemSelected メソッドが呼び出されます。引数には選択された MenuItem が渡されます。onOptionItemSelected メソッド内では、MenuItem の getItemId メソッドを使って、選択されたメニューに合わせて処理を振り分けることができます。

```
public class MainActivity extends Activity {
    ⋮
    @Override
    public boolean onOptionsItemSelected(MenuItem item) {
        if(item.getItemId() == R.id.item1){
            Log.v("MainActivity", "Hello Android!が選択されました。");
            return true;
        }
        return super.onOptionsItemSelected(item);
    }

}
```

アプリケーションの実行

アプリケーションを実行し、次のことを確認しましょう。

- メニューボタンをクリックした時に、「Hello Android!」というメニューが表示されている。
- 「Hello Android!」メニューを選択すると、「Hello Android! が選択されました」というログが出力される。

5.5 Toast

Toastは短いメッセージを数秒間表示します。メッセージは数秒後に自動的に消えます。Toastが表示されている間も画面を操作することができます。

5.5.1 Toastの使い方

Toastを使って「Hello Android!」と表示させてみましょう。

図5.42●Toastの使用例

Toastクラスに定義されているmakeTextメソッドを使って、Toastオブジェクトを作成します。makeToastメソッドの定義と引数の説明は次のとおりです。

```
public static Toast makeToast (Context context, CharSequence text, int duration)
public static Toast makeToast (Context context, int resId, int duration)
```

context　　コンテキスト
text　　　 表示させるテキスト
resId　　　表示させるテキストのリソースID

| duration | 表示時間。Toast.LENGTH_SHORT（短時間）か Toast.LENGTH_LONG（長時間）を指定する。 |

show メソッドを実行すると Toast が表示されます。

```
public void show ()
```

MainActivity を修正して、onCreate に Toast を表示する処理を追加します。

```
public class MainActivity extends Activity {

    @Override
    protected void onCreate(Bundle savedInstanceState) {
        super.onCreate(savedInstanceState);
        setContentView(R.layout.activity_main);
        Toast.makeText(this, R.string.hello_android, Toast.LENGTH_SHORT).show();
    }
```

これで完了です。アプリケーションを実行し、Toast が表示されていることを確認してください。

5.6 AlertDialog

AlertDialog は、メッセージとボタンを表示することができるダイアログボックスです。AlertDialog は図 5.43 に示す 6 つの UI で構成されています。

第5章 ユーザーインターフェース (1)

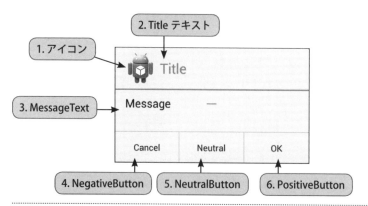

図5.43●AlertDialogの構成

AlertDialogはAlertDialog.Builderを使って表示します。表示内容に対応するデータのセッターメソッドを使用して、Dialogのどこに何を表示するかを設定します。各ボタンの設定は、DialogInterface.OnClickListenerを使ってボタンのクリックイベントを取得します。

表5.6●セッターメソッド

UI	メソッド（引数省略）
1	setIcon
2	setTitle
3	setMessage
4	setNegativeButton
5	setNeutralButton
6	setPositiveButton

```
public class MainActivity extends Activity {

    @Override
    protected void onCreate(Bundle savedInstanceState) {
        super.onCreate(savedInstanceState);
        setContentView(R.layout.activity_main);
        AlertDialog.Builder builder = new AlertDialog.Builder(this);

        // アイコン
        builder.setIcon(R.drawable.ic_launcher);
```

```java
        // タイトル
        builder.setTitle("Title");

        // メッセージ
        builder.setMessage("Message");

        // クリックイベントの設定
        builder.setPositiveButton("OK", new DialogInterface.OnClickListener() {
            @Override
            public void onClick(DialogInterface dialog, int which) {
                Toast.makeText(MainActivity.this, R.string.hello_android,
                        Toast.LENGTH_LONG).show();
            }
        });
        builder.setNegativeButton("Cancel", null);
        builder.setNeutralButton("Neutral", null);

        // AlertDialogを表示します。
        builder.show();
    }

}
```

5.7 まとめ課題

　この章で学習した内容のまとめ実習です。次のようなアプリケーションを作成しましょう（解答は付録を参照）。

1. アプリケーションを起動する。
2. オプションメニューを表示する。
3. メニューアイテム［Alert］を選択すると、AlertDialog を表示する。
4. ボタンをクリックすると Toast を表示し、AlertDialog が閉じる。

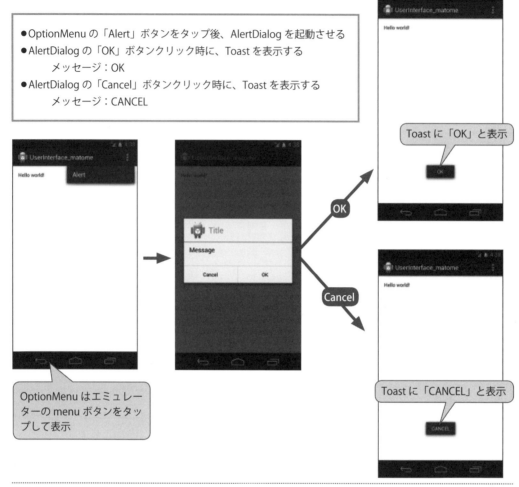

図5.44●動作の概要

表5.7●Toastに表示するメッセージ

ボタン	メッセージ
OK	OK
Cancel	CANCEL

第6章

画面遷移

6.1 シンプルな画面遷移

これまでは、1つの画面だけのアプリケーションを作成してきましたが、アプリケーションの多くは複数の画面で構成されています。そのためにはAndroidで画面遷移するための仕組みを知っておく必要があります。

まずは、新しい画面を起動するだけのシンプルな画面遷移アプリケーションを作成してみましょう。

6.1.1 画面遷移する方法

画面遷移とはActivityを起動することです。ActivityはIntentを使って起動することができます。

ActivityからActivityを呼び出すには、呼び出し元のActivityでIntentオブジェクトを作成し、起動するActivityの情報を指定します。作成したIntentオブジェクトを使用してActivityを呼び出すメソッドを実行すると、遷移先画面が表示されます。新たに作成した画面へ遷移する場合は、遷移先画面のActivityをAndroidManifest.xmlに登録する必要があります。

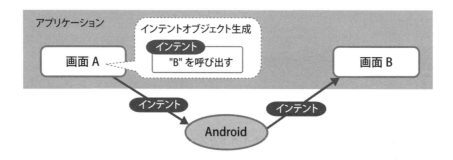

図6.1●画面Aから画面Bへ画面遷移するイメージ

6.1.2 インテントを使用して、画面遷移を行う

プログラムでは次の手順で、画面遷移の処理を行います。

1. Intent オブジェクトを作成する。
2. startActivity メソッドを実行する。
3. AndroidManifest.xml の設定に追加する。

(1) Intent オブジェクトを作成する

Intent の引数に遷移元 Activity のオブジェクトと遷移先 Activity クラスを与えて生成します。

```
Intent intent = new Intent(this,NextActivity.class);
```

(2) startActivity メソッドを実行する

手順(1)で作成した Intent オブジェクトを使って、Activity を起動するメソッドを実行します。

```
startActivity(intent);
```

リスト6.1●MainActivityからNextActivityに遷移する例

```
import android.app.Activity;
import android.view.View;
import android.view.View.OnClickListener;
import android.content.Intent;

public class MainActivity extends Activity implements OnClickListener {
    ︙
    public void onClick(View view) {
        Intent intent = new Intent(this,NextActivity.class); ---------- ①
        startActivity(intent); ---------- ②
    }
}
```

(3) AndroidManifest.xml の設定に追加する

追加した Activity は AndroidManifest.xml の設定に追加する必要があります。AndroidManifest.xml の <application> タグの中に Activity 情報を追加します。

リスト6.2●NextActivityをAndroidManifest.xmlに追加する例

```
<application
    ... >
    :
    <activity
        android:name="com.example.viewexample.NextActivity"
        android:label="@string/title_activity_next" >
    </activity>
</application>
```

6.1.3 ［実習］画面遷移（1）

メイン画面の［Next］ボタンを押すと次の画面へ遷移するアプリケーションを作成しましょう（解答は付録を参照）。

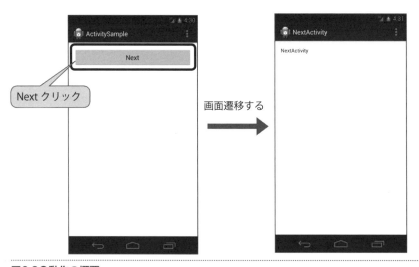

図6.2●動作の概要

表6.1●プロジェクト概要

項目	設定値
Project Name	ActivitySample
Build Target	4.4
Aplication name	ActivitySample
Package	com.example.activitysample
Create Activity	MainActivity

おおまかな手順は次のとおりです。

1. 遷移先画面の Activity を追加する。
2. 遷移先画面のレイアウトを修正する。
3. MainActivity のレイアウトを修正。
4. MainActivity に画面遷移処理の追加する。

以降で詳細を説明します。

(1) 遷移先画面の Activity を追加する

ADTには、簡単にActivityを追加する機能が用意されています。この機能を使うと、Acitivityクラスの作成、リソースファイルの作成およびAndroidManifest.xmlの登録まで自動的に実装されます。

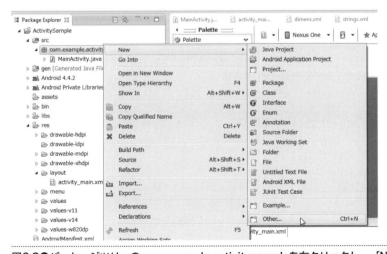

図6.3●パッケージツリーのcom.example.activitysampleを右クリックし、[New]→[Other]を選択

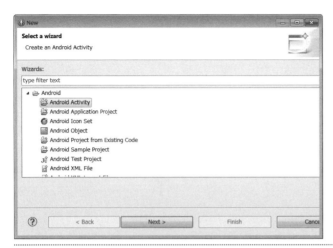

図6.4● 「Select a wizard」画面で［Android］→［Android Activity］を選択

図6.5● 「Create Activity」画面で「Blank Activity」を選択

Blank Activity 画面で以下のように設定し、［Finish］をクリックします。

表6.2●プロジェクト概要

項目	設定値
Activity Name	NextActivity
Layout Name	activity_next
Luncher Activity	チェックしない

項目	設定値
Hierarchical Parent	未入力
Navigation Type	None

ここで、ADTの機能を使って自動的に新規作成されたファイルと追加コードの内容を確認してみましょう。プロジェクトには次のファイルが追加されています。

NextActivity.java　　　遷移先 Activity
activity_next.xml　　　遷移先 Activity のレイアウトリソース
next.xml　　　　　　　遷移先 Acitvity のメニューリソース

Activity は画面表示のための基本的なコードが追加されています。

リスト6.3●NextActivity.javaの初期コード

```java
package com.example.activitysample;

import android.os.Bundle;
import android.app.Activity;
import android.view.Menu;

public class NextActivity extends Activity {

    @Override
    protected void onCreate(Bundle savedInstanceState) {
        super.onCreate(savedInstanceState);
        setContentView(R.layout.activity_next);
    }

    @Override
    public boolean onCreateOptionsMenu(Menu menu) {
        // Inflate the menu; this adds items to the action bar if it is present.
        getMenuInflater().inflate(R.menu.next, menu);
        return true;
    }

}
```

strings.xml には、NextActivity の文字が設定された title_activity_next リソースが作成されています。

リスト6.4●strings.xml

```xml
<?xml version="1.0" encoding="utf-8"?>
<resources>

    <string name="app_name">ActivitySample</string>
    <string name="action_settings">Settings</string>
    <string name="hello_world">Hello world!</string>
    <string name="title_activity_next">NextActivity</string> ※この文字列が追加されている
    <string name="next">Next</string>
    <string name="finish">Finish</string>

</resources>
```

AndroidManifest.xml の <application> タグに NextActivity が追加されていることを確認します。

リスト6.5●AndroidManifest.xmlの確認

```xml
<activity
    android:name="com.example.activitysample.NextActivity"
    android:label="@string/title_activity_next" >
</activity>
```

≡（2）遷移先画面のレイアウトを修正する ≡

NextActivity の画面デザインを次のように修正します。

リスト6.6●activity_next.xml

```xml
<LinearLayout xmlns:android="http://schemas.android.com/apk/res/android"
    xmlns:tools="http://schemas.android.com/tools"
    android:id="@+id/LinearLayout1"
    android:layout_width="match_parent"
    android:layout_height="match_parent"
    android:orientation="vertical"
    android:paddingBottom="@dimen/activity_vertical_margin"
    android:paddingLeft="@dimen/activity_horizontal_margin"
    android:paddingRight="@dimen/activity_horizontal_margin"
    android:paddingTop="@dimen/activity_vertical_margin"
    tools:context=".NextActivity" >
```

```xml
<TextView
    android:id="@+id/text_message"
    android:layout_width="wrap_content"
    android:layout_height="wrap_content"
    android:text="@string/title_activity_next" />

</LinearLayout>
```

(3) MainActivity のレイアウトを修正

MainActivity の画面デザインを次のように修正します。

リスト6.7●activity_main.xml

```xml
<LinearLayout xmlns:android="http://schemas.android.com/apk/res/android"
    xmlns:tools="http://schemas.android.com/tools"
    android:id="@+id/LinearLayout1"
    android:layout_width="match_parent"
    android:layout_height="match_parent"
    android:orientation="vertical"
    android:paddingBottom="@dimen/activity_vertical_margin"
    android:paddingLeft="@dimen/activity_horizontal_margin"
    android:paddingRight="@dimen/activity_horizontal_margin"
    android:paddingTop="@dimen/activity_vertical_margin"
    tools:context=".MainActivity" >

    <Button
        android:id="@+id/button1"
        android:layout_width="match_parent"
        android:layout_height="wrap_content"
        android:onClick="onClickNextButton"
        android:text="@string/next" />

</LinearLayout>
```

また、strings.xml には Button の表示テキストに使用するための文字列リソースを追加します。

```xml
<string name="next">Next</string>
```

(4) MainActivity に画面遷移処理の追加する

ボタンをクリックすると onClickNextButton メソッドが呼び出されます。このメソッドに画面遷移の処理を追加します。Intent オブジェクトを作成し、第 1 引数に Acitivity のオブジェクト、第 2 引数に遷移先の class を指定し、startActivity メソッドを実行します。

リスト6.8●onClickNextButtonメソッド

```java
public void onClickNextButton(View v){
    Intent intent = new Intent(this, NextActivity.class);
    startActivity(intent);
}
```

これで完了です。アプリケーションを実行し、MainActivity の Next ボタンクリックすると画面遷移することを確認してください。

6.2 遷移元の画面に戻る

遷移した画面を終了すると、遷移前の画面が表示されます。これはフォアグラウンド状態の Activity が破棄されて、バックグラウンド状態だった Activity がフォアグラウンド状態になるためです。

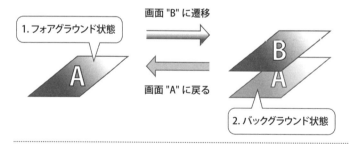

図6.6●遷移元の画面に戻る

6.2.1　Activity の終了方法

バックキーを押すと Activity は破棄され、直前の Activity に戻りますが、プログラムから Acitivity を終了することもできます。

Activity を終了するには、Activity の finish メソッドを呼び出します。finish メソッドを呼ぶと、フォアグラウンドの Acitivity は onDestory メソッドが呼び出され破棄されます。フォアグラウンドの Activity が破棄されると、直前の Acitivity が再表示されます。

```
public void onClickButton(View v){
    finish();
}
```

6.2.2　[実習] 画面遷移 (2)

6.1.3 節の実習で作成したアプリケーションに、NextActivity の終了機能を追加しましょう（解答は付録を参照）。

図6.7●動作の概要

おおまかな手順は次のとおりです。

1. NextActivityのレイアウトを修正する。
2. NextActivityに終了処理を追加する。

(1) NextActivityのレイアウトを修正する

NextActivityの画面デザインを次のように修正します。

リスト6.9●activity_next.xml

```
<LinearLayout xmlns:android="http://schemas.android.com/apk/res/android"
    ⋮
    >

    <TextView
        ⋮
        />
    <Button
        android:id="@+id/button1"
        android:layout_width="match_parent"
        android:layout_height="wrap_content"
        android:onClick="onClickFinishButton"
        android:text="@string/finish" />

</LinearLayout>
```

また、strings.xmlにはButtonの表示テキストに使用するための文字列リソースを追加します。

```
<string name="finish">Finish</string>
```

(2) NextActivityに終了処理を追加する

Finishボタンがクリックされたときの処理を追加します。

リスト6.10●onClickFinishButtonメソッド

```java
public void onClickFinishButton(View v){
    finish();
}
```

これで完了です。アプリケーションを実行し、NextActivityで［Finish］ボタンクリックすると画面が終了することを確認してください。

6.3 画面遷移の連携

一覧画面から詳細画面に遷移する場合では、詳細画面は一覧画面で何が選択されたのかを知っている必要があります。Intentを使ってデータを渡すことができます。

6.3.1 データの渡し方

Activity間でデータを渡すには、画面遷移の際に作成するIntentオブジェクトに渡したいデータを詰め込みます。データはキー、バリューのペアで作成します。遷移先画面は、Activityのメソッドを使用して送付されたIntentオブジェクトを取得し、キーを使用して、Intentオブジェクトからデータを取得します。

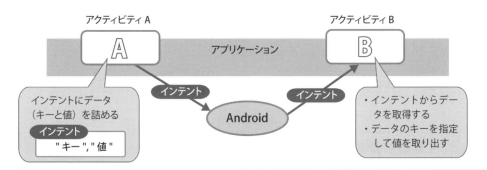

図6.8●画面遷移におけるデータの渡し方

遷移元Activityでは、生成したIntentオブジェクトにputExtraメソッドでデータを追加します。データはキーとバリューのペアになります。ここでは、「message」というキーに「Android」という文字を追加しています。

リスト6.11●遷移元Activity

```
public void onClickNextButton(View v){
    Intent intent = new Intent(this, NextActivity.class);
    intent.putExtra("message", "Android");
    startActivity(intent);
}
```

遷移先の Activity では、Activity#getIntent メソッドを使用して Intent オブジェクトを取得します。データの型に応じた Intent#getExtra メソッドを使用して、Intent オブジェクトに格納されているデータを取得します。ここでは「message」というキーを指定して「Android」という文字列を取得しています。

getIntegerExtra	Integer 型
getLongExtra	Long 型のデータを取得する
getStringExtra	String 型のデータを取得する

リスト6.12●遷移先Activity

```
protected void onCreate(Bundle savedInstanceState) {
    super.onCreate(savedInstanceState);
    setContentView(R.layout.activity_next);

    Intent intent = getIntent();
    String message = intent.getStringExtra("message");

}
```

6.3.2 ［実習］画面遷移（3）

6.2.2 節の実習で作成したアプリケーションに、データの受け渡し機能を追加しましょう。MainActivity で EditText を用意し、入力された文字列を NextActivity で表示させます（解答は付録を参照）。

6.3 画面遷移の連携

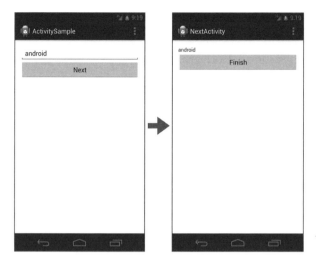

図6.9●動作の概要

おおまかな手順は次のとおりです。

1. MainActivity のレイアウトを修正する。
2. MainActivity でデータを渡す処理を追加する。
3. NextActivity でデータの受取処理を追加する。

(1) MainActivity のレイアウトを修正する

MainActivity のレイアウトを次のように修正します。

リスト6.13●activity_main.xml

```
<LinearLayout xmlns:android="http://schemas.android.com/apk/res/android"
    ⋮
    >

    <EditText
        android:id="@+id/edit_message"
        android:layout_width="match_parent"
        android:layout_height="wrap_content" >
    </EditText>

    <Button
        ⋮
        />
```

```
</LinearLayout>//}
```

(2) MainActivityでデータを渡す処理を追加する

MainActivityでIntentにデータを追加します。キー「message」を指定して、EditTextに入力された文字列を設定します。EditTextの入力文字はgetTextメソッドの戻り値にtoStringメソッドを使うと取得することができます。

リスト6.14●EditViewからTextプロパティの値を取得する方法

```
editText.getText().toString()
```

リスト6.15●onClickNextButtonメソッド

```java
public void onClickNextButton(View v){
    EditText editText = (EditText)findViewById(R.id.edit_message);
    Intent intent = new Intent(this, NextActivity.class);
    intent.putExtra("message", editText.getText().toString());
    startActivity(intent);
}
```

(3) NextActivityでデータの受取処理を追加する

NextActivityでデータを受け取り、TextViewに表示させます。Intentを取得し、キー「message」に格納されたデータを取得します。今回は文字列が格納されているので、getStringExtraメソッドを使います。

リスト6.16●onCreateメソッド

```java
protected void onCreate(Bundle savedInstanceState) {
    super.onCreate(savedInstanceState);
    setContentView(R.layout.activity_next);

    Intent intent = getIntent();
    String message = intent.getStringExtra("message");
    TextView textView = (TextView)findViewById(R.id.text_message);
    textView.setText(message);
```

```
}
```

　これで完了です。アプリケーションを実行し、EditText に入力した文字列が NextActivity で表示されることを確認してください。

6.4 遷移先画面から終了結果を受け取る

　遷移先の Activity と連携して、終了時に値を受け取ることができます。遷移先画面で「OK」と「Cancel」のどちらが選択されたのかなどの判定に使うことができます。

6.4.1 結果を受け取る方法

　遷移元の画面で、startActivityForResult メソッドで Activity を起動します。このメソッドで起動した Activity を終了すると、呼び出し元の Activiy の onActivityResult がコールバックされます。引数には終了コードやデータなどが渡され、Activity がどのように終了したのかを判定することができます。

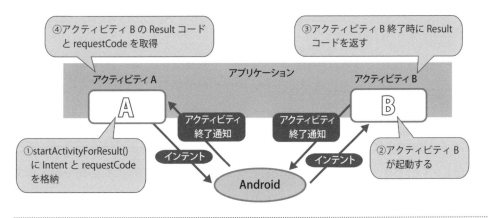

図6.10●結果を受け取る方法

■ 遷移元 Activity での処理

遷移元 Activity では、呼び出し処理と遷移先 Activity 終了時のコールバック処理を追加します。画面を呼び出すときは startActivityForResult を使います。第1引数の Intent へ起動したい Activity をセットし、第2引数には起動 Activity の識別コードを指定します。

```
public void startActivityForResult (Intent intent, int requestCode)
```

遷移先 Acitivty が終了すると、onActivityResult がコールバックされます。このメソッドをオーバライドし、遷移先 Acitivty の終了処理に応じた処理を追加します。第1引数には、終了した Activity のリクエストコードが格納されています。この引数を使って、どの Activity からの終了なのかを判定します。第2引数には、Activity がどのように終了したのかを表すコードが格納されています。第3引数には Intent が格納されています。終了コード以外の情報やデータは Intent から取り出します。

```
protected void onActivityResult (int requestCode, int resultCode, Intent data)
```

```
public void onClickNextButton(View v){
    EditText editText = (EditText)findViewById(R.id.edit_message);
    Intent intent = new Intent(this, NextActivity.class);
    intent.putExtra("message", editText.getText().toString());
    startActivityForResult(intent, 123);
}

@Override
protected void onActivityResult(int requestCode, int resultCode, Intent data) {
    if(requestCode == 123){
        Log.v("MainACtivity",
            "NextActivityが終了しました。終了コード=" + resultCode);
    }
}
```

■ 遷移先 Activity での処理

遷移先の Activity では、setResult メソッドを使って、どのように終了したのかを設定します。第1引数には終了コードを設定し、第2引数には終了コード以外のデータを設定します。第2引数は省略することができます。終了コードには一般的に RESULT_CANCELED または

RESULT_OK が用いられますが、任意のコードを返すことも可能です。

```
public void onClickFinishButton(View v){
    setResult(RESULT_OK);
    finish();
}
```

≡ RequestCode と ResultCode ≡

起動した Activity がどのように終了したのかを識別するためのコードが、RequestCode と ResultCode です。

RequestCode　　Activity 起動時に指定するコード。この値を使って、どの Activity が終了したのかを判定する。

ResultCode　　処理の結果コードを指定する。int 型の値が戻り値となる。実行結果によって返す結果コードを変化させるなどして使用する。

6.4.2 ［実習］画面遷移（4）

6.3.2 節の実習で作成したアプリケーションに、終了結果の受け取り処理を追加します（解答は付録を参照）。

第6章　画面遷移

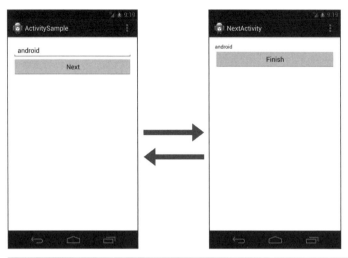

図6.11●動作の概要

おおまかな手順は次のとおりです。

1. MainActivity で終了結果を受け取る処理を追加する。
2. NextActivity で終了結果を渡す処理を追加する。

(1) MainActivity で終了結果を受け取る処理を追加する

startActivityForResult メソッドを使って、リクエストコード「123」を指定して NextActivity を起動します。NextActivity 終了時の処理を追加します。

```
public void onClickNextButton(View v){
    EditText editText = (EditText)findViewById(R.id.edit_message);
    Intent intent = new Intent(this, NextActivity.class);
    intent.putExtra("message", editText.getText().toString());
    startActivityForResult(intent, 123);
}

@Override
protected void onActivityResult(int requestCode, int resultCode, Intent data) {
    if(requestCode == 123){
        Log.v("MainACtivity",
            "NextActivityが終了しました。終了コード=" + resultCode);
```

≡ (2) NextActivity で終了結果を渡す処理を追加する ≡

setResult メソッドを使って終了結果をセットします。終了コードには RESULT_OK を指定します。

```
public void onClickFinishButton(View v){
    setResult(RESULT_OK);
    finish();
}
```

　これで完了です。アプリケーションを実行し、NextActivity 終了時に「NextActivity が終了しました。終了コード =-1」というログが出力されることを確認してください。

6.5 暗黙的 Intent

　暗黙的 Intent を使うとアプリケーションの連携が容易にできます。明示的 Intent では遷移先のコンポーネントを指定しましたが、暗黙的 Intent では Action（動作）を指定します（例えば、ホームページを開く、ブラウザを起動など）。暗黙的 Intent を投げると、指定した Action に対応したコンポーネントが起動します。Action 以外に Filter や Category を指定することで、より細かい動作を指定することができます。起動するコンポーネントはシステムが決定します。

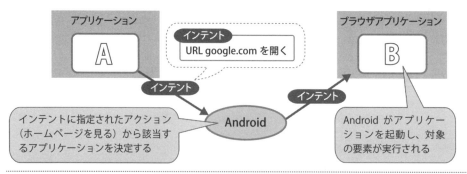

図6.12●ブラウザを起動する例

6.5.1 暗黙的 Intent を使用する

暗黙的 Intent を使ってブラウザを起動します。Intent には URL と Action を指定します。

図6.13●暗黙的Intentの使用

次の手順で使用します。

1. Uri オブジェクトを作成する。
   URL を指定してして Uri オブジェクトを生成します。Uri オブジェクトは Uri#parse メソッドの引数に URL 文字列を指定して作成します。

```
Uri uri = Uri.parse("http://google.com");
```

2. Intent オブジェクトを作成する。

   作成した Uri オブジェクトと Action を指定して、Intent オブジェクトを作成します。

```
Intent intent = new Intent(Intent.ACTION_VIEW,uri);
```

3. startActivity メソッドを実行する。

   作成した Intent を使って、startActivity メソッドを実行します。

```
startActivity(intent);
```

6.5.2 ［実習］暗黙的 Intent

暗黙的 Intent を使ってブラウザを起動するアプリケーションを作成しましょう。前掲の図 6.13 のように、Button をクリックするとブラウザが起動し、google のトップページが表示されるようにします。

表6.3●プロジェクト概要

項目	設定値
Project Name	ImplictIntentSample
Build Target	4.4
Application name	ImplictIntentSample
Package	com.example.implictsample
Create Activity	MainActivity

おおまかな手順は次のとおりです。

1. MainActivity のレイアウトを修正する。
2. MainActivity にブラウザを起動する処理を追加する。

(1) MainActivityのレイアウトを修正する

MainActivityの画面デザインを次のように修正します。

リスト6.17● activity_main.xml

```xml
<LinearLayout xmlns:android="http://schemas.android.com/apk/res/android"
    xmlns:tools="http://schemas.android.com/tools"
    android:id="@+id/LinearLayout1"
    android:layout_width="match_parent"
    android:layout_height="match_parent"
    android:orientation="vertical"
    tools:context="${packageName}.${activityClass}" >

    <Button
        android:id="@+id/button1"
        android:layout_width="match_parent"
        android:layout_height="wrap_content"
        android:onClick="onClickBrowserButton"
        android:text="@string/browser" />

</LinearLayout>
```

strings.xmlにはButtonの表示テキストに使用するための文字列リソースを追加します。

```xml
<string name="browser">Browser</string>
```

(2) MainActivityにブラウザを起動する処理を追加する

ボタンをクリックするとonClickBurowserButtonメソッドが呼び出されます。このメソッドに画面遷移の処理を追加します。Intentオブジェクトを作成して第1引数にAction、第2引数にURLを指定してstartActivityメソッドを実行します。

リスト6.18● onClickBrowserButtonメソッド

```java
public void onClickBrowserButton(View v){
    Uri uri = Uri.parse("http://google.com");
    Intent intent = new Intent(Intent.ACTION_VIEW,uri);
    startActivity(intent);
}
```

リスト6.19●MainActivity.java

```java
package com.example.implictintentsample;

import android.app.Activity;
import android.content.Intent;
import android.net.Uri;
import android.os.Bundle;
import android.view.View;

public class MainActivity extends Activity {

    @Override
    protected void onCreate(Bundle savedInstanceState) {
        super.onCreate(savedInstanceState);
        setContentView(R.layout.activity_main);
    }

    public void onClickBrowserButton(View v){
        Uri uri = Uri.parse("http://google.com");
        Intent intent = new Intent(Intent.ACTION_VIEW,uri);
        startActivity(intent);
    }
}
```

　これで完了です。アプリケーションを実行し、MainActivity の Browser ボタンクリックするとブラウザが起動し、Google のトップページが表示されることを確認してください。

6.6 まとめ課題

MainActivity、NextActivity、NextActivity2 の 3 つの画面からなるアプリケーションを作成しましょう（解答は付録を参照）。

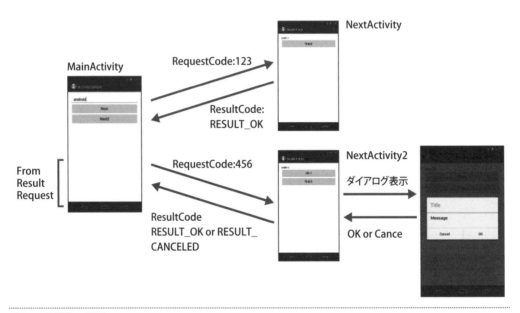

図6.14●動作の概要

MainActivity は、NextActivity または NextActivity2 を起動します。MainActivity は、それぞれの Activity が終了したとき起動した Activity に対応したログを出力します。

1. ［Next］ボタン、または［Next2］ボタンのクリック時に RequestCode を指定して Activity を起動します。RequestCode には以下の値を設定します。

    - NextActivity: 123
    - NextActivity2: 456

2. 起動した Activity は ResultCode を指定して終了します。ResultCode には以下の値を設定します。

    - NextActivity: RESULT_OK
    - NextActivity2: AlertDialog で選択したボタンで以下の値を返す。
      「OK」を選択した場合は「RESULT_OK」
      「Cancel」を選択した場合は「RESULT_CANCELED」

3. 起動元 Activity に終了結果の情報を表示します。各 TextView には以下の情報を表示させます。

    - From: 起動した Activity 名
    - Result: ResultCode
    - Request: RequestCode

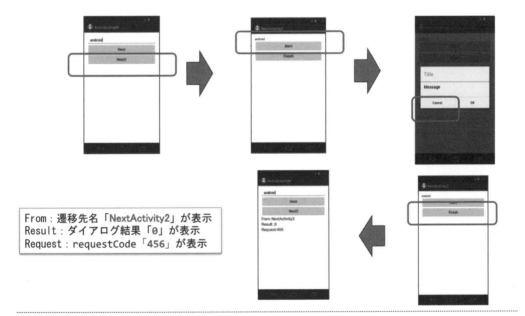

図6.15●動作例

第 7 章

ユーザーインターフェース (2)

7.1 ListView

　ListViewは、データをリスト形式で表示するためのビューグループです。ListViewを使用するときは、画面デザインと行デザインの2つのリソースファイルが必要です。行のデザインと画面デザインとの関連付けは、Adapterクラスを使ってプログラムで制御します。

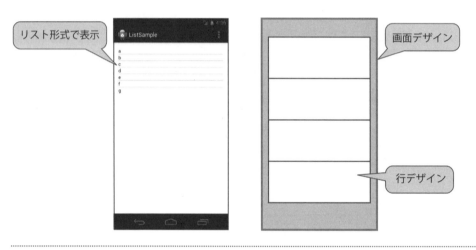

図7.1●ListView

　ListViewなどのデータを一覧形式で表示するViewGroupのインターフェースとして、Adapterクラスが用意されています。Adapterはデータ1件分のViewを組み立てる役割を担当しています。

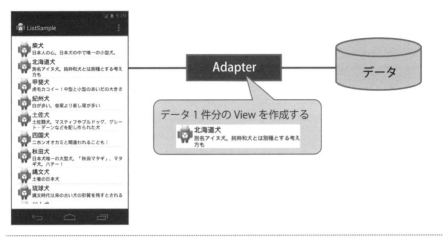

図7.2●Adapterの役割

　Adapter はデータとビューの連携を担っており、表示すべきビューをデータから組み立てるのが役割です。データ 1 件分をどのような View 構造で表示するかを決定するのが getView メソッドです。このメソッドは、新しいデータが表示されるタイミングで呼び出されます。ListView の場合、画面をスクロールして画面外から新しいデータが表示されるタイミングで呼び出されます。

　Android にはデータの管理方法に適した Adapter クラスが複数用意されています。ArrayAdapter クラスは、配列や List などのデータ形式を管理するのに適した Adapter です。コンストラクタを使ってオブジェクトを生成します。第 1 引数に Context、第 2 引数に行のリソース ID を指定します。第 3 引数には管理するデータ型の配列またはコレクションを指定します。

リスト7.1●ArrayAdapterのコンストラクタ配列を使って初期化

```
ArrayAdapter(Context context, int resource, T[] objects)
```

リスト7.2●ArrayAdapterのコンストラクタコレクションを使って初期化

```
ArrayAdapter(Context context, int resource, List<T> objects)
```

ListView の setAdapter メソッド、または ListActivity の setListAdapter を使って ListView との関連付けを行います。

リスト7.3●ListView#setAdapter

```
void setAdapter(ListAdapter adapter)
```

リスト7.4●ListActivityView#setListAdapter

```
void setListAdapter(ListAdapter adapter)
```

7.1.1　ListView の使い方

ListView と ListActivity を使ってシンプルな一覧画面を作ってみましょう。

表7.1●プロジェクト概要

項目	設定値
Project Name	ListSample
Build Target	4.4
Aplication name	ButtonSample
Package	com.example.listsample
Create Activity	ListSampleActivity

おおまかな手順は次のとおりです。

1. レイアウトファイルに ListView を追加する。
2. 行のレイアウトファイルを作成する。
3. Activity を修正する。

(1) レイアウトファイルに ListView を追加する

レイアウトファイルをエディタで開き、ListView を画面上にドラッグ＆ドロップします。

図7.3●ListViewをドラッグ＆ドロップ

次にプロパティを変更します。ListActivity を使って ListView にデータを表示する場合は、id に「@android:id/list」を指定する必要があります。

id　　@android:id/list

リスト7.5●ListViewの例

```
<ListView
    android:id="@android:id/list"
    android:layout_width="match_parent"
    android:layout_height="wrap_content" >
</ListView>
```

(2) 行のレイアウトファイルを作成する

res/layout フォルダを選択し、AndroidXML 作成ボタンをクリックします。File 名に「list_row.xml」と指定し、[Finish] ボタンをクリックして Window を閉じます。

ArrayAdapter を使って一覧を表示する場合は、行のレイアウトファイルは TextView だけで

構成されている必要があります。

```xml
<?xml version="1.0" encoding="utf-8"?>
<TextView xmlns:android="http://schemas.android.com/apk/res/android"
    android:id="@+id/textView1"
    android:layout_width="match_parent"
    android:layout_height="wrap_content" />
```

(3) Activity を修正する

Activity を修正して ListView にデータを表示させます。

1. 継承元を ListActivity に変更する

   継承元を ListActivity に変更し、表示データの String 配列を定義します。

```java
import android.app.ListActivity;

public class ListSampleActivity extends ListActivity {

    private static final String[] ITEMS = { "柴犬", "北海道犬", "甲斐犬",
        "紀州犬", "土佐犬", "四国犬", "秋田犬", "縄文犬", "琉球犬", "川上犬",
        "薩摩犬", "美濃柴", "山陰柴", "まめしば" };
```

2. ArrayAdapter を生成する

   コンストラクタを使って ArrayAdapter を生成します。初期化と同時にデータの追加を行います。

```java
ArrayAdapter<String> adapter = new ArrayAdapter<String>(this, R.layout.list_row, ITEMS);
```

3. ListView に Adapter をセットする

```java
setListAdapter(adapter);
```

以上をまとめたものを次に示します。

リスト7.6●ListViewのサンプル

```java
public class ListSampleActivity extends ListActivity {

    private static final String[] ITEMS = { "柴犬", "北海道犬", "甲斐犬",
        "紀州犬", "土佐犬", "四国犬", "秋田犬", "縄文犬", "琉球犬", "川上犬",
        "薩摩犬", "美濃柴", "山陰柴", "まめしば" };


    @Override
    protected void onCreate(Bundle savedInstanceState) {
        super.onCreate(savedInstanceState);
        setContentView(R.layout.activity_list_sample);

        ArrayAdapter<String> adapter = new ArrayAdapter<String>(
                this, R.layout.list_row, ITEMS);
        setListAdapter(adapter);
    }

    @Override
    public boolean onCreateOptionsMenu(Menu menu) {
        // Inflate the menu; this adds items to the action bar if it is present.
        getMenuInflater().inflate(R.menu.list_sample, menu);
        return true;
    }

}
```

7.1.2 ［実習］ListView（1）

これまでの説明を参考に、シンプルなListViewを使ったアプリケーションを作成しましょう（解答は付録を参照）。

第7章 ユーザーインターフェース（2）

図7.4●アイテム表示

アプリケーションを実行し、一覧が表示されることを確認してください。

7.1.3　一覧のアイテムを選択する

一覧に表示されているアイテムをクリックしても何も起きません。アイテムの選択イベントを受け取れるようにしましょう。ListViewのアイテム選択を認識するには、ListActivity#onListItemClickメソッドを実装します。onListItemClickメソッドの引数は次の値が渡されます。

第1引数　　選択したListView
第2引数　　選択した行のView
第3引数　　一覧の位置
第4引数　　アイテムID（アイテムIDは使用するAdapterによって返す値が違います。ArrayAdapterの場合は要素番号が渡されます）

リスト7.7●onListItemClickの定義
```
protected void onListItemClick(ListView l, View v, int position, long id)
```

```
public class ListSampleActivity extends ListActivity {
    :
    @Override
    protected void onListItemClick(ListView l, View v, int position, long id){
        Log.v("ListSample", "position = " + position);
    }
}
```

7.1.4 ［実習］ListView（2）

7.1.2節の実習で作成したアプリケーションを修正し、アイテム選択時にログを出力させてみましょう（解答は付録を参照）。

図7.5●アイテム選択

リスト7.8●ログ内容

```
Log.v("ListSample", "position = " + position);
```

アプリケーションを実行し、アイテム選択時にログが出力されることを確認してください。

7.1.5　ListView のカスタマイズ

ListView をカスタマイズして、使いやすいユーザーインターフェースを作成することができます。

図7.6●ListViewのカスタマイズ例

1 行に「サムネイル」「タイトル」「説明」の 3 つの要素を含んだ ListView を作成してみましょう。おおまかな手順は次のとおりです。

1. 行のレイアウトを修正する。
2. データクラスを作成する。
3. ArrayAdapter を継承した独自の Adapter を作成する。
4. ListView にデータを表示させる。

(1) 行のレイアウトを修正する

LinearLayout を組み合わせて、ImaveView、TextView、TextView を表示できるようにします。xml の内容は図 7.7 のようになります。

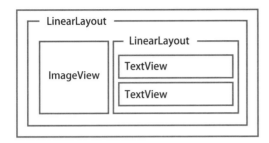

図7.7●xmlの内容

```
<?xml version="1.0" encoding="utf-8"?>
<LinearLayout xmlns:android="http://schemas.android.com/apk/res/android"
    ⋮
    >

    <ImageView
        android:id="@+id/image_thumbnail"
        android:layout_width="wrap_content"
        android:layout_height="wrap_content" >
    </ImageView>

    <LinearLayout
        android:id="@+id/LinearLayout01"
        android:layout_width="wrap_content"
        android:layout_height="wrap_content"
        android:orientation="vertical" >

        <TextView
            android:id="@+id/text_title"
            android:layout_width="wrap_content"
            android:layout_height="wrap_content"
            android:textAppearance="?android:attr/textAppearanceMedium" >
        </TextView>

        <TextView
            android:id="@+id/text_detail"
            android:layout_width="wrap_content"
            android:layout_height="wrap_content"
            android:textAppearance="?android:attr/textAppearanceSmall" >
        </TextView>
    </LinearLayout>
```

```
</LinearLayout>
```

(2) データクラスを作成する

1行分の表示データ、「サムネイルイメージ」「タイトル」「説明」をメンバ変数としたデータクラス「Item」を作成します。

```
package com.example.listsample;

public class Item {
    public String title;
    public String detail;
    public int resourceId;
}
```

(3) 独自のAdapterを作成する

Activityの内部クラスに、ArrayAdapterを継承した独自のAdapterを作成します。ジェネリクスにはItemクラスを指定します。

```
class ItemAdapter extends ArrayAdapter<Item> {

    public ItemAdapter(Context context) {
        super(context, R.layout.list_row);
    }

    @Override
    public View getView(int position, View convertView, ViewGroup parent) {
        if (convertView == null) {
            convertView = getLayoutInflater().inflate(R.layout.list_row, null);
        }

        Item item = getItem(position);
        // TODO ImageViewの設定
        ImageView imageView = (ImageView) convertView
                .findViewById(R.id.image_thumbnail);
        imageView.setImageResource(item.resourceId);

        // TODO TextView (Title)の設定
```

```
        TextView textTitle = (TextView) convertView
                .findViewById(R.id.text_title);
        textTitle.setText(item.title);

        // TODO TextView (summary)の設定
        TextView textSummary = (TextView) convertView
                .findViewById(R.id.text_detail);
        textSummary.setText(item.detail);
        return convertView;
    }

}
```

(4) ListView にデータを表示させる

MainActivityのonCreateメソッドで、setListAdapterで独自のAdapterをセットします。リソースファイルにタイトルと説明を配列で定義します。

　文字列の配列をリソースファイルに定義することができます。<string-array>タグを使って、リソースIDと配列の内容を定義します。プログラムからは、Resourcesクラスの getStringArray メソッドでリソースIDを指定して取得します。

```
String[] titles = getResources().getStringArray(R.array.titles);
String[] detailes = getResources().getStringArray(R.array.detailes);
```

```
<?xml version="1.0" encoding="utf-8"?>
<resources>
    <string-array name="titles">
        <item>柴犬</item>
        <item>北海道犬</item>
        <item>甲斐犬</item>
         ⋮
    </string-array>
    <string-array name="detailes">
        <item>日本人の心。日本犬の中で唯一の小型犬。</item>
        <item>別名アイヌ犬。純粋和犬とは別種とする考え方も</item>
        <item>虎毛カコイー！中型と小型のあいだの大きさ</item>
         ⋮
    </string-array>

</resources>
```

取得した配列から表示データを組み立てます。for 文で繰り返し、Adpater の add メソッドを使ってデータを追加します。onCreate の処理は次のようになります。

```
@Override
protected void onCreate(Bundle savedInstanceState) {
    super.onCreate(savedInstanceState);
    setContentView(R.layout.activity_list_sample);

    // TODO ItemAdapaterを生成する
    ItemAdapter adapter = new ItemAdapter(this);
    setListAdapter(adapter);

    // Itemの作成
    // TODO リソースからテキスト配列を取得する
    // nullの置き換え
    String[] titles = getResources().getStringArray(R.array.titles);
    String[] detailes = getResources().getStringArray(R.array.detailes);

    for (int i = 0; i < titles.length; i++) {
        Item item = new Item();
        item.title = titles[i];
        item.detail = detailes[i];
        item.resourceId = R.drawable.ic_launcher;

        // TODO Adapterにデータを追加する
        adapter.add(item);
    }
}
```

アプリケーションを実行するとの次のように表示されます。

図7.8●実行結果

7.1.6 ［実習］ListView（3）

前項までの説明を参考にして、同じアプリケーションを作成しましょう（解答は付録を参照）。

最初は、付録サンプルのスケルトンプロジェクト「ListSample_skeleton03」を修正して作成します。

図7.9●ListViewのカスタマイズ例（図7.6再掲）

スケルトンプロジェクトには未実装の処理が含まれています。未実装の処理を修正し、アプリケーションを完成させましょう。

- 行のレイアウトを修正する
  ファイル名「list_row.xml」で新規に作成します。

- ArrayAdapter を継承した独自の Adapter を作成する
  getView メソッドの一部の処理が未実装になっています。

- ListView にデータを表示させる
  onCreate メソッドの一部の処理が未実装になっています。

なお、データクラスを作成する処理は「Item.java」で定義済みです。

アプリケーションが完成したら実行して、前図のように表示されることを確認してください。確認できたら、同じプログラムを最初から作ってみましょう。

7.2 Spinner

　Spinner は、データを一覧形式で表示するためのビューグループです。Spinner を選択するとダイアログが現れて一覧が表示されます。Spinner を使用するには、画面デザインと Spinner を閉じているときのデザインと、一覧表示の行デザインの 3 つのリソースファイルが必要です。データの表示には Adapter を使用します。

7.2 Spinner

図7.10●Spinnerの使用例

7.2.1 Spinnerの使い方

Spinnerを使って、シンプルな一覧画面を作ってみましょう。おおまかな手順は次のとおりです。

1. レイアウトファイルにSpinnerを追加する。
2. Spinnerにデータを追加する。
3. Spinnerが一覧表示しているときのレイアウトを設定する。

(1) レイアウトファイルにSpinnerを追加する

レイアウトファイルをエディタで開き、Spinnerを画面上にドラッグ＆ドロップします。

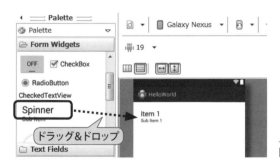

図7.11●Spinnerをドラッグ＆ドロップする

リスト7.9●Spinnerの例

```
<Spinner
    android:id="@+id/spinner1"
    android:layout_width="match_parent"
    android:layout_height="wrap_content" />
```

(2) Spinnerにデータを追加する

Activityを修正し、Spinnerが選択されたときのデザインと表示データの設定をします。SpinnerでもデータのやりにAdapterを使用します。ここではArrayAdapterを使います。

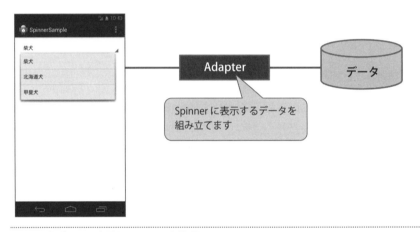

図7.12●データの表示にAdapterを使用

ArrayAdapterを使用してSpinnerに表示するデータを追加するには、次の2通りの方法があります。

- ArrayAdapterのインスタンスを生成後にデータを追加する。
- ArrayAdapter生成時にデータ配列を使用して作成する。

■ ArrayAdapterのインスタンスを生成後にデータを追加する方法

ArrayAdapterクラスのコンストラクタを使用してArrayAdapterのインスタンスを生成します。コンストラクタの引数には次の値が渡されます。

第 1 引数　　　　Context
第 2 引数　　　　Spinner が閉じているときのレイアウトリソース

ここでは、第 2 引数として Android フレームワークで定義されている「simple_spinner_item」を指定します。Android フレームワークのリソース ID を使う場合は、次のように記述します。

```
android.R.layout.simple_spinner_item
```

インスタンス生成後に、add メソッドを使用して Spinner の一覧に表示するデータを追加します。

```
adapter.add("柴犬");
adapter.add("北海道犬");
adapter.add("甲斐犬");
```

リスト7.10●ArrayAdapterのインスタンスを生成後にデータを追加する

```
//ArrayAdapterインスタンスの生成
ArrayAdapter<String> adapter = new ArrayAdapter<String>
                                (this,android.R.layout.simple_spinner_item);

//ArrayAdapterのインスタンスに文字列を追加
adapter.add("柴犬");
adapter.add("北海道犬");
adapter.add("甲斐犬");
```

■ ArrayAdapter 生成時にデータ配列を使用して作成する方法

ArrayAdapter#createFromResource メソッドの第 2 引数に配列を指定して、ArrayAdapter のインスタンスを生成します。配列には stinrg-array リソースを指定します。ここでは次のリソースを使います。

リスト7.11●文字列リソース

```
<string-array name="dogs">
    <item>柴犬</item>
    <item>北海道犬</item>
```

```
    <item>甲斐犬</item>
</string-array>
```

リスト7.12●ArrayAdapter生成時にデータ配列を使用して作成する方法

```
adapter.createFromResource(this, R.array.dogs, android.R.layout.simple_spinner_item);
```

(3) Spinnerが一覧表示しているときのレイアウトを設定する

Spinnerの一覧に表示されるレイアウトの設定するには、ArrayAdapter#setDropDownViewResourceメソッドを使用します。引数に表示されたときのリソースIDを指定します。ここではAndroidフレームワークで定義されている「simple_spinner_dropdown_item」を指定します。

リスト7.13●Spinnerが一覧表示しているときのレイアウトを設定する

```
adapter.createFromResource(this, R.array.dogs, android.R.layout.simple_spinner_item);
```

リスト7.14●全体ソース（SpinnerSampleActivity.java）

```java
package com.example.spinnersample;

import android.app.Activity;
import android.os.Bundle;
import android.view.Menu;
import android.widget.ArrayAdapter;
import android.widget.Spinner;

public class SpinnerSampleActivity extends Activity {

    @Override
    protected void onCreate(Bundle savedInstanceState) {
        super.onCreate(savedInstanceState);
        setContentView(R.layout.activity_spinner_sample);

        // ArrayAdapterインスタンスの生成
```

```
        ArrayAdapter<CharSequence> adapter = ArrayAdapter.createFromResource(this,
                            R.array.dogs, android.R.layout.simple_spinner_item);

        // リストに表示するためのレイアウトリソースを設定
        adapter.setDropDownViewResource(android.R.layout.simple_spinner_dropdown_item);

        // スピナーの生成
        Spinner spinner = (Spinner) findViewById(R.id.spinner1);
        // スピナーにアダプター設定
        spinner.setAdapter(adapter);
    }

    @Override
    public boolean onCreateOptionsMenu(Menu menu) {
        // Inflate the menu; this adds items to the action bar if it is present.
        getMenuInflater().inflate(R.menu.spinner_sample, menu);
        return true;
    }

}
```

アプリケーションを実行し、Spinnerを選択すると一覧が表示されることを確認してください。

7.2.2 ［実習］Spinner（1）

Spinnerを表示するアプリケーションを作成しましょう（解答は付録を参照）。

図7.13●Spinnerの使用例（図7.10再掲）

表7.2●プロジェクト概要

項目	設定値
Project Name	SpinnerSample
Build Target	4.4
Application name	SpinnerSample
Package	com.example.spinnersample
Create Activity	SpinnerSampleActivity

おおまかな手順は次のとおりです。

1. string-arrayを作成する。
2. Spinnerのリストに表示する文字列配列を追加する。
3. レイアウトファイルを修正する。
4. ActivityにSpinner表示用の処理を実装する。

(1) string-array を作成する

Spinner のリストに表示する文字列配列を追加します。

リスト7.15●文字列リソース

```xml
<string-array name="dogs">
    <item>柴犬</item>
    <item>北海道犬</item>
    <item>甲斐犬</item>
</string-array>
```

(2) レイアウトファイルを修正する

Activity のレイアウトを次のようにします。

リスト7.16●activity_spinner_sample.xml

```xml
<LinearLayout xmlns:android="http://schemas.android.com/apk/res/android"
    ⋮
    >

    <Spinner
        android:id="@+id/spinner1"
        android:layout_width="match_parent"
        android:layout_height="wrap_content" />

</LinearLayout>
```

(3) Activity に Spinner 表示用の処理を実装する

string-array から文字列を取得して Adapter を生成し、Spinner に Adapter を設定します。

リスト7.17●SpinnerSampleActivityK

```java
package com.example.spinnersample;

import android.app.Activity;
import android.os.Bundle;
import android.view.Menu;
import android.widget.ArrayAdapter;
```

```java
import android.widget.Spinner;

public class SpinnerSampleActivity extends Activity {

    @Override
    protected void onCreate(Bundle savedInstanceState) {
        super.onCreate(savedInstanceState);
        setContentView(R.layout.activity_spinner_sample);

        // ArrayAdapterインスタンスの生成

        ArrayAdapter<CharSequence> adapter = ArrayAdapter.createFromResource(
                this, R.array.dogs, android.R.layout.simple_spinner_item);

        // リストに表示するためのレイアウトリソースを設定
        adapter.setDropDownViewResource(
                android.R.layout.simple_spinner_dropdown_item);

        // スピナーの生成
        Spinner spinner = (Spinner) findViewById(R.id.spinner1);
        // スピナーにアダプター設定
        spinner.setAdapter(adapter);

    }

    @Override
    public boolean onCreateOptionsMenu(Menu menu) {
        // Inflate the menu; this adds items to the action bar if it is present.
        getMenuInflater().inflate(R.menu.spinner_sample, menu);
        return true;
    }

}
```

これで完了です。アプリケーション実行し、Spinnerが表示されることを確認してください。

7.2.3 Spinner を選択する

一覧に表示されているアイテムをクリックしても何も起きません。アイテムの選択イベントを受け取れるようにしましょう。

選択イベントを取得する

Spinner では、OnItemSelectedListner を使って選択イベントを取得します。Spinner のリストから選択したアイテムを認識するには、Spinner#setOnItemSelectedListener を使って OnItemSelectedLisner を登録し、メソッドを実装します。

リスト7.18●setOnItemSelectedListenerの定義

```
void setOnItemSelectedListener(AdapterView.OnItemSelectedListener listener)
```

setOnItemSelectedListener には、onItemSelected と onNothingSelected が定義されています。アイテムが選択されると onItemSelected メソッドが呼び出されます。何も選択されなかった場合は onNothingSelected が呼び出されます。

リスト7.19●onItemSelectedの定義

```
void onItemSelected(AdapterView<?> parent, View view, int position, long id)
```

onItemSelected メソッドの引数には次の値が渡されます。第 4 引数の ID は使用する Adapter によってさまざまですが、ArrayAdapter の場合は要素番号が入ります。

- 第 1 引数　　選択された Spinner オブジェクト
- 第 2 引数　　選択した View
- 第 3 引数　　位置
- 第 4 引数　　アイテムの ID

リスト7.20●OnItemSelectedListenerの実装例

```
spinner.setOnItemSelectedListener(new AdapterView.OnItemSelectedListener() {
    @Override
    public void onItemSelected(AdapterView<?> parent, View view,
```

```
            int position, long id) {
        // リストを選んだ時の処理を記述
        TextView textView = (TextView) findViewById(R.id.textView1);
        textView.setText(parent.getSelectedItem().toString());
    }

    @Override
    public void onNothingSelected(AdapterView<?> parent) {
        // 何も選択されなかった時の処理を記述
    }
});
```

選択したアイテムを取得する

getSelectedItem メソッドを使って Spinner で選択したアイテムを取得します。getSelectedItem メソッドは Object 型を返すため、管理しているデータ型に合わせてキャストする必要があります。

```
String item = (String) spinner.getSelectedItem();
```

getSelectedItemPosition メソッドを使うと、選択されている位置を取得することができます。

```
int position = spinner.getSelectedItemPosition();
```

7.2.4　[実習] Spinner (2)

7.2.2節の実習で作成したプログラムを修正し、Spinnerで選択したデータをTextViewに表示させてみましょう（解答は付録を参照）。

図7.14●アイテム選択

Spinnerで選択したデータがTextViewに表示されていることを確認してください。

7.3　GridView

GridViewは、データをグリッド状に配置することができるビューグループです。GridViewを使用するときは、画面デザインと一覧表示の1件分のデザインの2つのリソースファイルが必要です。データの表示にはAdapterを使用します。

第7章 ユーザーインターフェース（2）

図7.15●GridViewの使用例

7.3.1 GridViewの使い方

GridViewを使って、グリッド状に画像一覧を表示する画面を作ってみましょう。おおまかな手順は次のとおりです。

1. レイアウトファイルにGridViewを追加する。
2. データ1件分のレイアウトファイルを作成する。
3. 画像イメージID定義クラスを作成する。
4. ArrayAdapterを継承した独自のAdapterを作成する。
5. GridViewにデータを表示させる。

■（1）レイアウトファイルにGridViewを追加する

レイアウトファイルをエディタで開き、GridViewを画面上にドラッグ＆ドロップします。

7.3 GridView

図7.16●GridViewをドラッグ&ドロップする

GridViewの水平方向と垂直方向の余白を次のように設定します。

verticalSpacing　　10dp
horizontalSpacing　10dp

リスト7.21●activity_grid_view_sample.xml

```xml
<LinearLayout xmlns:android="http://schemas.android.com/apk/res/android"
    ... >

    <GridView
        android:id="@+id/gridView1"
        android:layout_width="match_parent"
        android:layout_height="wrap_content"
        android:verticalSpacing="10dp"
        android:horizontalSpacing="10dp"
        android:numColumns="3" >
    </GridView>

</LinearLayout>
```

(2) データ1件分のレイアウトファイルの作成

GridView 内で使用する行デザインのレイアウトファイル「grid_cell.xml」作成します。

リスト7.22●grid_cell.xml

```xml
<ImageView
    xmlns:android="http://schemas.android.com/apk/res/android"
    android:id="@+id/imageView"
    android:layout_width="match_parent"
    android:layout_height="match_parent">
</ImageView>
```

(3) 画像イメージID定義クラスの作成

画像 ID 配列を定義した ImageResources クラスを作成します。

リスト7.23●ImageResources.java

```java
public class ImageResources {
    // ギャラリーに表示する画像
    public final static Integer[] DRAWABLE_IDS = {
        android.R.drawable.ic_menu_add,
        android.R.drawable.ic_menu_agenda,
        android.R.drawable.ic_menu_always_landscape_portrait,
             :
        android.R.drawable.ic_menu_zoom
    };
}
```

(4) ArrayAdapter を継承した独自の Adapter を作成する

Activity の内部クラスに、ArrayAdapter を継承した独自の Adapter を作成します。画像リソース ID を管理するため、ジェネリクスには Integer クラスを指定します。また、getItemId メソッドをオーバライドし、position 番目のリソース ID を戻り値に指定します。

```java
public class GridViewSampleActivity extends Activity {
        :
    class ImageAdapter extends ArrayAdapter<Integer> {
```

```java
        public ImageAdapter(Context context, Integer[] objects) {
            super(context, 0, objects);
        }

        @Override
        public View getView(int position, View convertView, ViewGroup parent) {

            int id = getItem(position);
            if (convertView == null) {
                LayoutInflater inflater = getLayoutInflater();
                convertView = inflater.inflate(R.layout.grid_cell, null);
            }
            ImageView imageView = (ImageView) convertView;
            imageView.setImageResource(id);
            return imageView;

        }

        public long getItemId(int position) {
            return getItem(position);
        };
    }
}
```

(5) GridView にデータを表示させる

onCreate メソッドで GridView を取得し、作成した Adapter をセットします。

```java
protected void onCreate(Bundle savedInstanceState) {
    super.onCreate(savedInstanceState);
    setContentView(R.layout.activity_grid_view_sample);
    ImageAdapter adpater = new ImageAdapter(this,
            ImageResources.DRAWABLE_IDS);
    GridView gridView = (GridView) findViewById(R.id.gridView1);
    gridView.setAdapter(adpater);

}
```

GridViewSampleActivity.java の内容は次のようになります。

リスト7.24● GridViewSampleActivity.java

```java
package com.example.gridviewsample;

import android.app.Activity;
import android.content.Context;
import android.os.Bundle;
import android.view.LayoutInflater;
import android.view.View;
import android.view.ViewGroup;
import android.widget.ArrayAdapter;
import android.widget.GridView;
import android.widget.ImageView;

public class GridViewSampleActivity extends Activity {

    @Override
    protected void onCreate(Bundle savedInstanceState) {
        super.onCreate(savedInstanceState);
        setContentView(R.layout.activity_grid_view_sample);
        ImageAdapter adpater = new ImageAdapter(this,
                ImageResources.DRAWABLE_IDS);
        GridView gridView = (GridView) findViewById(R.id.gridView1);
        gridView.setAdapter(adpater);

    }

    class ImageAdapter extends ArrayAdapter<Integer> {

        public ImageAdapter(Context context, Integer[] objects) {
            super(context, 0, objects);
        }

        @Override
        public View getView(int position, View convertView, ViewGroup parent) {

            int id = getItem(position);
            if (convertView == null) {
                LayoutInflater inflater = getLayoutInflater();
                convertView = inflater.inflate(R.layout.grid_cell, null);
            }
            ImageView imageView = (ImageView) convertView;
            imageView.setImageResource(id);
            return imageView;
```

```
        }

        public long getItemId(int position) {
            return getItem(position);
        };
    }
}
```

アプリケーションを実行し、一覧が表示されることを確認します。

7.3.2 ［実習］GridView（1）

説明を参考にして、画像一覧を表示するアプリケーションを作成します（解答は付録を参照）。

図7.17●GridViewの使用例（図7.15再掲）

アプリケーションを実行し、一覧が表示されることを確認してください。

7.3.3 [実習] GridView (2)

GirdView で選択したデータを ImageView に表示します（解答は付録を参照）。

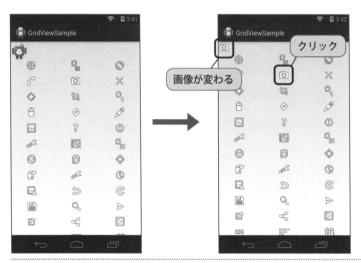

図7.18●動作の概要

表7.3●プロジェクト概要

項目	設定値
Project Name	GridViewSample
Build Target	4.4
Application name	GridViewSample
Package	com.example.gridviewsample
Create Activity	GridViewSampleActivity

まず、Activity のレイアウトリソースに ImageView を追加します。

リスト7.25●activity_grid_view_sample.xml

```
<LinearLayout xmlns:android="http://schemas.android.com/apk/res/android"
    ...>

    <ImageView
        android:id="@+id/imageView1"
        android:layout_width="wrap_content"
```

```
        android:layout_height="wrap_content"
        android:src="@drawable/ic_launcher" />

    <GridView ... />

</LinearLayout>
```

次に、Activity に画像選択時の処理を以下の手順で追加します。

1. 画像表示用の ImageView のオブジェクトを取得する。
   onCreate メソッドで ImageView のオブジェクトを取得します。

```
protected void onCreate(Bundle savedInstanceState) {
    ⋮
    gridView.setAdapter(adpater);

    final ImageView imageView = (ImageView)findViewById(R.id.imageView1);
```

2. GridView 選択時の処理を追加する。
   girdView に OnItemClickListener をセットします。onItemClick メソッドで、第 4 引数を使って、ImageView に画像をセットします。ImageAdapter の getItemId でリソース ID を返してるため、第 4 引数にはリソース ID が渡されます。

```
protected void onCreate(Bundle savedInstanceState) {
    ⋮
    final ImageView imageView = (ImageView)findViewById(R.id.imageView1);
    gridView.setOnItemClickListener(new OnItemClickListener() {

        @Override
        public void onItemClick(AdapterView<?> parent, View view,
                int position, long id) {
            imageView.setImageResource((int)id);
        }
    });
}
```

これで完了です。アプリケーションを実行し、画像選択時に ImageView に選択した画像が表示されることを確認します。

第 8 章

Web サービス連携

8.1 Web サービスに接続する

Web サービスに接続する場合、ブラウザなどの HTTP クライアントから HTTP 通信します。Android は HTTP 通信が可能なため、外部の Web サービスと連携したアプリケーションを作成することができます。特定の Web サービスに特化したアプリケーションを作成する場合は、HTTP 通信のロジックを組み込みます。

図8.1●Webサービスに接続する

8.1.1 HTTP 通信の仕方

Android には、HTTP 通信を行うユーティリティとして DefaultHttpClient クラスが用意されています。DefaultHttpClient クラスを使って HTTP 通信の仕方を見てみましょう。おおまかな手順は次のとおりです。

1. DefaultHttpClient クラスを生成する。
2. リクエストメソッドを設定する。
3. リクエストを発行しレスポンスオブジェクトを取得する。
4. レスポンスのステータスをチェックする。
5. レスポンスデータから必要な情報を取得する。
6. AndroidManifest ファイルにインターネットアクセスのパーミッションを追加する。
7. StrictMode の制限を解除する。

≡（1）DefaultHttpClient クラスを生成する

コンストラクタを使って DefaultHttpClient のオブジェクトを生成します。

```
// DefaultHttpClient オブジェクトの生成する
DefaultHttpClient client = new DefaultHttpClient();
```

≡（2）リクエストメソッドを設定する

コンストラクタを使って、引数に接続先 URL を指定してリクエストオブジェクトを生成します。ここでは GET メソッドで接続する HttpGet オブジェクトを生成します。

```
// GET メソッドで接続するリクエストオブジェクトを生成する
HttpGet get = new HttpGet(URL);
```

HTTP には、GET メソッド以外に POST、PUT、DELETE、HEAD などのメソッドがあり、各 HTTP メソッドに対するリクエストオブジェクトが用意されています。

≡（3）リクエストを発行しレスポンスオブジェクトを取得する

引数に生成したリクエストオブジェクトを指定し、execute メソッドで実際にリクエストを発行します。execute メソッドを実行すると、HttpResponse オブジェクトが取得できます。

```
// リクエストを発行してレスポンスを取得する
HttpResponse res = client.execute(get);
```

≡（4）レスポンスステータスをチェックする

取得した HttpResponse オブジェクトからステータスコードの確認をします。ステータスコードは、HttpResponse クラスの getStatusLine の戻り値に対して getStatusCode メソッドを実行すると取得できます。HttpStatus インターフェースのステータスコード定数が用意されています。

```
// ステータスコードをチェックする
if (res.getStatusLine().getStatusCode() == HttpStatus.SC_OK) {}
```

主なステータスは表 8.1 のとおりです。

表8.1 ● 主なステータスコード定数

定数	ステータスコード	説明
SC_OK	200	成功
SC_FORBIDDEN	403	アクセス禁止
SC_NOT_FOUND	404	接続先ページが見つからない
SC_INTERNAL_SERVER_ERROR	500	サーバサイドエラー

(5) レスポンスデータから必要な情報をとりだす

レスポンスデータから必要な情報を取得します。HttpEntity オブジェクトを取得し、必要に応じて対応するデータに変換します。変換方法については後述します。

```
HttpEntity entity = res.getEntity();
```

リスト8.1 ● 手順1から5をまとめたコード

```
// DefaultHttpClient オブジェクトの生成する
DefaultHttpClient client = new DefaultHttpClient();

// GET メソッドで接続するリクエストオブジェクトを生成する
HttpGet get = new HttpGet(URL);

try {
    // リクエストを発行してレスポンスオブジェクトを取得する
    HttpResponse res = client.execute(get);
    // ステータスコードをチェックする
    if (res.getStatusLine().getStatusCode() == HttpStatus.SC_OK) {
        // レスポンス情報を取得する
        HttpEntity entity = res.getEntity();
    }
} catch (Exception e) {
    Log.c(TAG, Log.e(TAG, e.getMessage(), e));
}
```

(6) AndroidManifestファイルにインターネットアクセスのパーミッションを追加する

インターネット接続の権限を追加するため、AndroidManifest ファイルにパーミッションの設定をします。<uses-permission> タグを追加し、「android:name」属性に「android.permission.

INTERNET」を設定します。

```
<uses-permission android:name="android.permission.INTERNET"></uses-permission>
```

(7) StrictMode の制限を解除する

バージョン 2.3 以降より StrictMode が追加されました。StrictMode はアプリケーションのメインスレッドでの実行制限です。バージョン 3.0 以降のデフォルト設定では、メインスレッドで HTTP 通信が行えないようになっています。今回の例ではメインスレッドで HTTP 通信を行うため、以下のような方法で制限の解除を行います。

```
protected void onCreate(Bundle savedInstanceState) {
    super.onCreate(savedInstanceState);
    setContentView(R.layout.activity_http_sample);
    StrictMode.setThreadPolicy(new StrictMode.ThreadPolicy.Builder().permitAll().build());
}
```

> **NOTE　メインスレッドとは**
> Android では、フォアグラウンドで動いている Thread をメインスレッド、または UI スレッドと呼びます。フォアグラウンドで時間のかかる処理を実行すると、画面 UI の操作ができなくなるなどユーザビリティが下がるので、Thread などを使ってメインスレッドで実行せず、バックグラウンドで実行します。

8.1.2 ［実習］HTTP 通信（1）

HTTP 通信を行い、Web サーバからレスポンスを取得してステータスコードをチェックするアプリケーションを作成します（解答は付録を参照）。

最初は、付録サンプルのスケルトンプロジェクト「HttpSample_skeleton」を修正して作成します。

接続先	国立国会図書館サーチサイト（http://iss.ndl.go.jp/）
接続メソッド	GET
ステータスコード	200（STATUS_OK）

図8.2●HTTP通信の実行例

表8.2●プロジェクト概要

項目	設定値
Project Name	HttpSample
Build Target	4.4
Application name	HttpSample
Package	com.example.httpsample
Create Activity	HttpSampleActivity

おおまかな手順は次のとおりです。

1. リソースファイルを修正する（実装済）。
2. Activity に HTTP 通信処理を追加する（未実装）。
3. AndroidManifest.xml を修正する（未実装）。

スケルトンでは、いくつかの処理は実装済となっています。未実装の処理を実装してプログラムを完成させましょう。

(1) リソースファイルを修正する

この手順はすでに実装済みです。activity_http_sample.xml を参照してください。レイアウトファイルに Button を配置しています。

```xml
<LinearLayout xmlns:android="http://schemas.android.com/apk/res/android"
    xmlns:tools="http://schemas.android.com/tools"
    android:id="@+id/LinearLayout1"
    android:layout_width="match_parent"
    android:layout_height="match_parent"
    android:orientation="vertical"
    android:paddingBottom="@dimen/activity_vertical_margin"
    android:paddingLeft="@dimen/activity_horizontal_margin"
    android:paddingRight="@dimen/activity_horizontal_margin"
    android:paddingTop="@dimen/activity_vertical_margin"
    tools:context=".HttpSampleActivity" >

    <Button
        android:id="@+id/button_connect_http"
        android:layout_width="match_parent"
        android:layout_height="wrap_content"
        android:onClick="onClickButton"
        android:text="@string/http" >
    </Button>

    <!-- TODO 【HTTP通信 実習3】WebAPIパラメータレイアウトを追加する -->

    <!-- TODO 【HTTP通信 実習2】TextViewを追加する -->
</LinearLayout>
```

(2) Activity に HTTP 通信処理を追加する

Button が押された際に実行される HTTP 通信処理を追加しましょう。Button が押されると、onClickButton メソッドが呼び出されます。onClickButton メソッドの 2 つの TODO 箇所に処理を追加します。

まず、DefaultHttpClient クラスを生成します。

```java
// TODO 【HTTP通信 実習1】No.01 DefaultHttpClientオブジェクトを生成する
DefaultHttpClient client = new DefaultHttpClient();
```

次に、コンストラクタを使って HttpGet オブジェクトを生成します。引数には定数 URL を使用します。

```
// TODO 【HTTP通信 実習1】No.02 GETメソッドで接続するリクエストオブジェクトを生成する
HttpGet get = new HttpGet(URL);
```

それから execute メソッドを実行して、対象接続先にリクエストを発行します。

```
// TODO 【HTTP通信 実習1】No.03 リクエストを発行してレスポンスを取得する
HttpResponse res = client.execute(get);
```

そして、レスポンスステータスをチェックします。ステータスが 200 ならログを出力します。

出力ログ：　　Log.v(TAG, "status ok");

```
// TODO 【HTTP通信 実習1】No.03 リクエストを発行してレスポンスを取得する
HttpResponse res = client.execute(get);
// TODO 【HTTP通信 実習1】No.04 ステータスコードのチェックする
if (res.getStatusLine().getStatusCode() == HttpStatus.SC_OK) {
    // TODO 【HTTP通信 実習1】No.05 ログを出力する
    Log.v(TAG, "status ok");
    ︙
}
```

(3) AndroidManifest.xml を修正する

インターネット接続のパーミッションを追加します。

```
<!-- TODO インターネット接続のパーミッションを追加する -->
<uses-permission android:name="android.permission.INTERNET" >
</uses-permission>
```

これで完了です。アプリケーションを実行して接続成功ログが出力されることを確認してください。

8.2 レスポンスデータから必要な情報を取得する

　取得したレスポンスデータから必要な情報を取り出します。HTTPレスポンスデータは、主にHTTPヘッダとHTTPボディで構成されています。HTTPボディには、HTML文書やJSONなどWebサーバから送られてくるデータが入っています。HttpResponseからHttpEntityオブジェクトを取得し、必要に応じて対応するデータ（文字列、画像、動画など）に変換します。

8.2.1　レスポンスデータから文字列を取得する方法

　今回のケースでは、レスポンスデータはHTML文書なので文字列に変換します。取得したレスポンスデータを文字列に変換するには、HttpEntitiyクラスとEntityUtilsを使用します。HttpEntitiyを文字列に変換するため、EntitiyUtilsのtoStringメソッドを使用します。

```
HttpResponse res = client.execute(get);
String content = EntityUtils.toString(res.getEntity(), "UTF-8");
```

　今回の例では、8.1.2節の実習で利用した国立国会図書館（URL: http://iss.ndl.go.jp/）のHTML文書が取得データになります。

リスト8.2●取得データの内容
```
<!DOCTYPE html PUBLIC "-//W3C//DTD XHTML 1.0 Transitional//EN" "http://www.w3.org/TR/
    xhtml1/DTD/xhtml1-transitional.dtd">
<html xmlns="http://www.w3.org/1999/xhtml" xml:lang="ja" lang="ja">
<head>
<meta http-equiv="content-type" content="text/html; charset=utf-8" />
<meta http-equiv="content-style-type" content="text/css" />
<meta http-equiv="content-script-type" content="text/javascript" />
 ⋮
```

8.2.2 ［実習］HTTP通信（2）

8.1.2節の実習で作成したプログラムに、HTML文を表示させましょう（解答は付録を参照）。

図8.3●HTML文の表示

おおまかな手順は次のとおりです。

1. レイアウトファイルを修正する。
2. ActivityクラスにレスポンスデータS取得処理を追加する。
3. 取得したデータを画面に表示する。

(1) レイアウトファイルを修正する

レイアウトファイルに、HTML文を表示するためのScrollViewとTextViewを追加します。

```
<ScrollView
    android:id="@+id/scrollView1"
    android:layout_width="match_parent"
    android:layout_height="wrap_content" >
    <LinearLayout
        android:layout_width="match_parent"
        android:layout_height="match_parent"
        android:orientation="vertical" >
        <TextView
```

```
                android:id="@+id/text_content"
                android:layout_width="wrap_content"
                android:layout_height="wrap_content" >
        </TextView>
    </LinearLayout>
</ScrollView>
```

(2) Activityクラスにレスポンスデータ取得処理を追加する

HttpResponse から HttpEntity を取得し、EntityUtils#toString メソッドに HttpEntity を引数に指定して HTML 文を取得します。

```
// TODO 【HTTP通信 実習2】 No.01 HTML文の取得
String content = EntityUtils.toString(res.getEntity(), "UTF-8");
```

(3) 取得したデータを画面に表示する

activity_http_sample.xml に追加した TextView にレスポンスデータを設定します。

```
// TODO 【HTTP通信 実習2】 No.02 TextViewに取得したコンテンツデータを表示
TextView textView = (TextView)findViewById(R.id.text_content);
textView.setText(content)
```

これで完了です。アプリケーションを実行して HTML 文が画面に表示されることを確認してください。

8.3 WebAPI

WebAPI とは、Web 上に公開されているアプリケーションプログラムインターフェースのことです。基本的には、URL にリクエストパラメータを付与して XML や JSON などのデータでやりとりを行います。代表的な物として、Google API や Yahoo API、Twitter API などがあります。

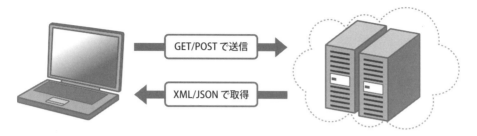

図8.4●WebAPI

8.3.1 WebAPIを使った通信の仕方

　WebAPIには、リクエストにパラメータを付与してアクセスします。リクエストは、各Web APIのURL（例、http://iss.ndl.go.jp/api/opensearch）に、パラメータ（例 :?title=android）を追加して作成します。レスポンスはXMLやJSONなどのフォーマットで返されます。

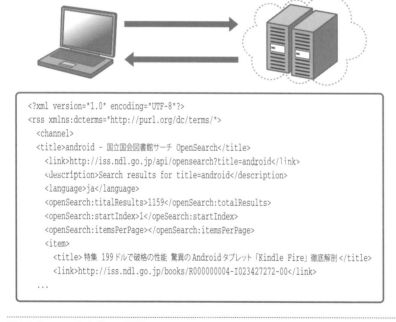

図8.5●WebAPIを使った通信

8.3.2 WebAPIパラメータ

多くのWebAPIでは、情報を取得するためのAPIはHTTP GETリクエストを用い、取得したい情報のパラメータをキー・バリューのペアで指定します。HTTP GETパラメータで指定する場合は「key=value」の構成で、リクエストURLの末尾に「?」を付けて接続します（例、「?title=android」）。

図8.6●WebAPIパラメータ

8.3.3 WebAPIを使ったHTTP通信の実装方法

国会図書館APIを使って書籍を検索するアプリケーションを作成します。おおまかな手順は次のとおりです。

1. パラメータ付きURLを作成する。
2. HttpGetオブジェクトを作成する。
3. リクエストを送信する。

(1) パラメータ付きURLを作成する

まず、コンストラクタを使ってUri.Builderオブジェクトを生成します。

```
Builder builder = new Builder();
```

次に、Builder#pathメソッドを使って接続先URLを設定します。

```
builder.path(URL);
```

そして、Builder#appendQueryParameterメソッドを使用してWebAPIパラメータを設定します。

```
builder.appendQueryParameter("title", "android");
```

■ (2) HttpGet オブジェクトを作成する

クエリパラメータから HttpGet オブジェクトを生成します。まず、Builder#build メソッドを使用してパラメータに基づいた Uri オブジェクトを生成します。次に、Uri#decode メソッドを使用してパラメータ付きの接続先 URL 文字列を生成します。

```
String uri = Uri.decode(builder.build().toString());
```

そして、生成した URL を引数に指定して HttpGet オブジェクトを生成します。

```
HttpGet get = new HttpGet(uri);
```

■ (3) リクエストの送信

リクエストの送信はこれまでの実習で行った手順と同じです。

```
HttpResponse res = client.execute(get);
```

リスト8.3● 手順1から3をまとめたコード

```
Builder builder = new Builder();
builder.path(URL);
builder.appendQueryParameter("title", "android");

String uri = Uri.decode(builder.build().toString());
HttpGet get = new HttpGet(uri);
```

これで完了です。アプリケーションを実行してリクエストに対応するレスポンスデータが返ってくるか確認してください。

今回の例では、国会図書館に対して書籍タイトルに「android」が含まれている書籍の検索リクエストを実行しました。検索結果は XML 形式で返ってきます。

8.3.4 ［実習］HTTP通信（3）

8.2.2節の実習で作成したプログラムに、国会図書館APIを使って書籍データの検索機能を追加しましょう（解答は付録を参照）。

図8.7●動作の概要

KeyとValueには次のようなパラメータを指定できます。検索に利用可能なパラメータの詳細については「http://iss.ndl.go.jp/information/api/」を参照してください。

表8.3●WebAPIパラメータ

Key	Value
title	書籍のタイトルに含まれている文字列
creator	著者名

国会図書館のOpenSearchのWebAPIを使って書籍データを取得します。

リクエストURL　　http://iss.ndl.go.jp/api/opensearch

おおまかな手順は次のとおりです。

1. リソースファイルを修正する。
2. Activityクラスを修正する。

(1) リソースファイルを修正する

activity_http_sample.xml を修正し、画面に WebAPI を入力できるようにします。

```xml
<!-- TODO【HTTP通信 実習3】WebAPIパラメータレイアウトを追加する -->
<LinearLayout
    android:orientation="horizontal"
    android:layout_width="match_parent"
    android:layout_height="wrap_content">
    <TextView
        android:layout_width="50dp"
        android:layout_height="wrap_content"
        android:text="@string/key" />

    <EditText
        android:id="@+id/editKey"
        android:layout_width="match_parent"
        android:layout_height="wrap_content" />
    </EditText>
</LinearLayout>

<LinearLayout
    android:layout_width="match_parent"
    android:layout_height="wrap_content">
    <TextView
        android:layout_width="50dp"
        android:layout_height="wrap_content"
        android:text="@string/value" />

    <EditText
        android:id="@+id/editValue"
        android:layout_width="match_parent"
        android:layout_height="wrap_content" />
    </EditText>
</LinearLayout>
```

(2) Activity クラスを修正する

接続先 URL を変更し、WebAPI パラメータ対応の処理を追加します。取得結果の文字列の文字コードは UTF-8 で取得します（これまでの実習で作成した HttpGet オブジェクトの処理はコメントアウトします）。

接続先	http://iss.ndl.go.jp/api/opensearch
WebAPI パラメータ対応	URL 末尾の「?」以降の値を付与してリクエストを投げる。
接続先例	http://iss.ndl.go.jp/api/opensearch?title=android

```java
public class HttpSampleActivity extends Activity {

    private static final String TAG = "HttpClientSample";
    // 接続先 URL
    // private static final String URL = "http://www.oesf.jp/";

    // 実習3 URL
    private static final String URL = "http://iss.ndl.go.jp/api/opensearch";
        ︙
    public void onClickButton(View v) {
        // TODO 【HTTP通信 実習1】No.01 DefaultHttpClientオブジェクトの生成する
        DefaultHttpClient client = new DefaultHttpClient();

        // TODO 【HTTP通信 実習3】No.01 WebAPI用クエリパラメータの作成
        EditText editKey = (EditText) findViewById(R.id.editKey);
        EditText editValue = (EditText) findViewById(R.id.editValue);
        Builder builder = new Builder();
        builder.path(URL);
        builder.appendQueryParameter(editKey.getText().toString(),
                                    editValue.getText().toString());

        // TODO 【HTTP通信 実習3】No.02 作成したクエリパラメータからHttpGetオブジェクトを生成する
        String uri = Uri.decode(builder.build().toString());
        HttpGet get = new HttpGet(uri);
            ︙
        try {
            // TODO 【HTTP通信 実習1】No.03 リクエストを発行してレスポンスを取得する
            HttpResponse res = client.execute(get);
            // TODO 【HTTP通信 実習1】No.04 ステータスコードのチェックする
            if (res.getStatusLine().getStatusCode() == HttpStatus.SC_OK) {
                ︙
                // TODO【HTTP通信 実習2】No.01 HTML文の取得
                // String content = EntityUtils.toString(res.getEntity(), "UTF-8");
                String content = EntityUtils.toString(res.getEntity());
                ︙
            }
        } catch (Exception e) {
            Log.e(TAG, e.getMessage(), e);
```

```
        }
    }
}
```

これで完了です。アプリケーションを実行して取得したレスポンスデータが TextView に表示されることを確認してください。

8.4 JSON

JSON は JavaScript Object Notation の略語で、軽量のデータ交換用のフォーマットです。JavaScript をベースに作られていますが、データの表現が容易なので JavaScript 以外のさまざまなところで利用されています。近年では、Web アプリケーションとクライアント間のデータ交換に多く利用されており、Android の通信アプリケーションでも利用する機会が多いでしょう。

JSON には以下のような特徴があります。

- 軽量で人間にとっても、コンピュータにとっても読み書きが簡単。
- XML と比較して高速に処理可能。
- データ構造を名前と値（キー・バリュー）の集まりとして定義。

8.4.1 JSON の構造

JSON は名前と値のペアの集合です。例えば、以下のようなデータがあったとします。

- 名前（name）：アンドロイド 太郎
- 年齢（age）：30
- メールアドレス（email）
  - android@example.com
  - taroh@example.com

このデータは以下のように表現します。

```
{
    "name": "アンドロイド 太郎",         # 文字列
    "age": 30,                          # 数値
    "email": [                          # 配列
        "android@example.com",
        "taroh@example.com",
    ],
}
```

中括弧で括られた範囲（{ 〜 }）が JSON オブジェクトです。オブジェクト内に名前と値のペアを記述します。

8.4.2　JSON の書式

JSON フォーマットは次のように記述します。

```
{
    "key": value,
    "key": value,
      ︙
}
```

オブジェクト　　JSON のオブジェクトは「{」で始まり「}」で終わります。名前と値のペアは、名前の後ろに「:」をつけ、ペアを「,」で区切ります。値は、文字列、数値、真偽値、null、オブジェクト、そして配列です。名前は二重引用符で囲みます。

文字列　　名前同様に二重引用符で囲みます。「"name": " アンドロイド 太郎 "」のように指定します。

数値　　10 進数の整数、浮動小数点を指定します。「"age": 30」のように指定します。

真偽値　　true もしくは false で指定します。「"is_student": true」のように指定します。

配列　　[値 1, 値 2, ...] のように、要素を「,」で区切って指定します。配列は次のように記述します。

```
"alphabet": ["ABC", "DEF", "GHI"]
"number": [10, 20, 30]
"object": [
    {"name": "キット カット", "age": 28},
    {"name": "ジェリー ビーンズ", "age": 42}
    {"name": "アイスクリーム サンドイッチ", "age": 30},
]
```

8.4.3　JSONの解析

Androidではjson.orgパッケージを利用してJSON形式のデータを扱います。次のようなJSONを解析します。このJSONから「value1」、「value2」を取得します。

```
{
    "object1": {
        "key1": [
            "value1",
            "value2"
        ]
    }
}
```

おおまかな手順は次のとおりです。

1. JSON文字列の構造を分析する。
2. JSON文字列からJSONのオブジェクトを生成する。
3. JSONObjectまたはJSONArrayからデータを取得する。

≡（1）JSON文字列の構造を分析する ≡

JSON文字列の構造を十分に把握し、ルートデータがJSONObjectなのか、JSONArrayなのかを確認します。

ルートの型	JSONObjectです。「object1」というキーを持っていて値の型はJSONObjectです。
object1	JSONObjectです。「key1」というキーを持っていて値の型はJSONArrayです。
key1	String配列です。「value1」、「value2」を持っています。

(2) JSON 文字列から JSON のオブジェクトを生成する

JSONObject、またはJSONArrayのコンストラクタにJSON文字列を引数で指定してオブジェクトを生成します。今回のケースではルートの型がJSONObjectなので、JSONObjectで初期化します。

```
JSONObject json = new JSONObject(strJson);
```

(3) JSONObject または JSONArray からデータを取得する

JSONObject と JSONArray には、型に応じた getter メソッドが用意されています。キーまたは要素番号を引数に指定してデータを取得します。

表8.4●JSONObjectとJSONArrayの主なgetterメソッド

型	メソッド
String	getString
int	getInt
doubel	getDouble
JSONArray	getJSONArray
JSONObject	getJSONObject

今回のケースでは次のような処理になります。

1. JSONObject から「object1」をキーに指定して JSONObject を生成する。
2. 生成した JSONObject から「object1」をキーに指定して JSONArray を生成する。
3. JSONArray を for で繰り返し、要素番号を指定してデータを取得する。

```
ArrayList<String> values = new ArrayList<String>();
try {
    JSONObject rootObject = new JSONObject(strJson)
    JSONObject object1 = rootObject.getJSONObject("object1")
    JSONArray key1 = object1.getJSONArray("key1");
    for(int i = 0; i < key1.length(); i++){
        values.add(key1.getString(i));
    }
} catch (JSONException e) {
    Log.e("JsonSampleForDocActivity" , e.getMessage(), e);
}
```

8.4.4 ［実習］JSON

8.3.4 節の実習で利用した国会図書館 API の書誌データを、JSON 形式で取得して解析するアプリケーションを作成しましょう（解答は付録を参照）。

最初は、付録サンプルのスケルトンプロジェクト「JsonSample_skeleton」を修正して作成します。

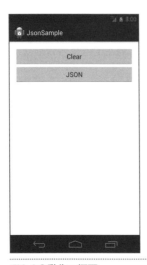

図8.8●動作の概要

解析するリクエスト URL は実習 3 で取得した XML から抜き出します。取得した XML には検索対象の書籍データの詳細を取得するための URL が記述されています。URL は <item> タグの子要素の <link> に記述されています。実習 4 ではこの URL を使用して JSON データを取得します。

JSON 取得用の URL は次の手順で作成します。

1. 実習 3 で取得した XML から、詳細情報がほしい本を探す。
2. 詳細情報を取得するための書籍データが記述されている <item> タグを見つける。
3. <item> タグ以下の <link> タグの URL を確認する。
4. URL の最後に「.json」と記入する。
5. JSON URL を確認する。

(1) 実習3で取得したXMLから詳細情報がほしい本を探す

ブラウザを起動し、URLに http://iss.ndl.go.jp/api/opensearch?title=android と入力します。

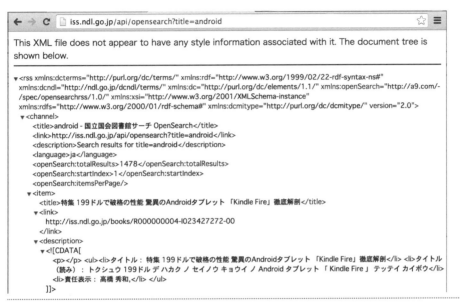

図8.9●書籍の検索

(2) 詳細情報を取得するための書籍データが記述されている<item>タグを見つける

<opensearch:itemsperpage>以下に複数の<item>タグがありますが、どれを使ってもかまいません。

```
<rss>
    <channel>
        <title>
            ：
        <opensearch:itemsperpage>
            <item>
                本1
            </item>
            <item>
                本2
            </item>
            ：
```

▍(3) <item> タグ以下の <link> タグの URL を確認する

```
<item>
    <title>
        マルチプラットフォームのためのOpenGL ES入門 ：
                            Android/iOS対応グラフィックスプログラミング
    </title>
    <link>
        http://iss.ndl.go.jp/books/R100000002-I025392311-00    ←このURLを使用する
    </link>
    <description>
        <![CDATA[
<p>基礎編,カットシステム,9784877833015</p> <ul><li>タイトル： マルチプラットフォームのためのOpenGL ES入門 ： Android/iOS対応グラフィックスプログラミング</li> <li>タイトル（読み）： マルチプラットフォーム ノ タメ ノ オープン ジーエル イーエス ニュウモン ： アンドロイド アイオーエス タイオウ グラフィックス プログラミング</li> <li>責任表示： 山下武志 著,</li> <li>NDC(9)： 007.642</li> </ul>
]]>
    </description>
    <author>
        山下武志 著,
    </author>
        ：
</item>
```

▍(4) URL の最後に「.json」と記入する

`http://iss.ndl.go.jp/books/R100000002-I025392311-00`

の場合は、

`http://iss.ndl.go.jp/books/R100000002-I025392311-00.json`

になります。

▍(5) JSON URL の確認

　作成した [URL].json を使って、ブラウザの URL に入力して JSON データを確認します。ブラウザを起動し、URL に http://iss.ndl.go.jp/books/R100000002-I025392311-00.json と入力します。

{"link":"http://iss.ndl.go.jp/books/R100000002-I025392311-00","identifier":{"JPNO":["22409523"],"TOHANMARCNO":["33086383"],"ISBN":["978-4-87783-301-5"]},"title":[{"value":"マルチプラットフォームのためのOpenGL ES入門 : Android/iOS対応グラフィックスプログラミング","transcription":"マルチプラットフォーム ノ タメ ノ オープン ジーエル イーエス ニュウモン : アンドロイド アイオーエス タイオウ グラフィックス プログラミング"}],"volume":["基礎編"],"creator":[{"name":"山下, 武志","transcription":"ヤマシタ, タケシ"}],"dc_creator":[{"name":"山下武志 著"}],"publisher":[{"name":"カットシステム","location":"東京"}],"date":["2014.5"],"issued":["2014"],"description":["索引あり"],"subject":{"NDLSH":["コンピュータグラフィックス","プログラミング (コンピュータ)"],"NDLC":["M159"],"NDC9":["007.642"]},"price":["4500円"],"extent":["413p ; 24cm"],"materialType":["図書"]}

図8.10●JSON URLの確認

対象書籍の詳細情報を持ったJSONデータが取得されます（実際のデータは改行されていません）。

リスト8.4●解析対象のJSONデータ

```
{
    "creator": [
        {
            "name": "山下, 武志",
            "transcription": "ヤマシタ, タケシ"
        }
    ],
    ⋮
    "identifier": {
        "ISBN": [
            "978-4-87783-301-5"
        ],
        "JPNO": [
            "22409523"
        ],
        "TOHANMARCNO": [
            "33086383"
        ]
    },
    ⋮
    "publisher": [
        {
            "location": "東京",
            "name": "カットシステム"
        }
    ],
    ⋮
    "title": [
```

```
            {
                "transcription": "マルチプラットフォーム ノ タメ ノ オープン ジーエル イーエス ニュウモン
                                  : アンドロイド アイオーエス タイオウ グラフィックス プログラミング",
                "value": "マルチプラットフォームのためのOpenGL ES入門 : Android/iOS対応グラフィックスプロ
                          グラミング"
            }
        ],
        ⋮
}
```

　以下の手順で未実装の処理を実装して、アプリケーションを完成させましょう。今回の JSON は実習 3 で取得した xml の記述を使います。

1. URL を指定する（任意）
2. リソースファイルの修正（実装済）
3. HTTP 通信クラス HttpHelper の作成（実装済）
4. データクラス Book の作成（実装済）
5. JSON 解析クラス JSONHelper の作成（未実装）
6. Activity に Button 押下時の処理を追加する（実装済）

1. URL を指定する（任意）
　前述した JSON の URL を定数に指定します。スケルトンプロジェクトでは http://iss.ndl. go.jp/books/R100000002-I025392311-00.json となっていますが、好みの URL に変えてください。JSON URL の定数は、JsonSampleActivity クラスに URL という定数が用意されています。

```
public class JsonSampleActivity extends Activity {
    private static final String TAG = "JsonSampleActivity";

    // 接続先URL JSONを取得するURL 実習 3 のレスポンスデータから対象のURLを設定する
    private static final String URL =
            "http://iss.ndl.go.jp/books/R100000002-I025392311-00.json";  ←ここを変更する
```

2. リソースファイルの修正（実装済）
　リソースファイルを修正し、画面に Button と TextView を配置します。

3. HTTP 通信クラス HttpHelper の作成（実装済）

HTTP 通信を行うためのロジッククラス HttpHelper クラスが作成されています。

4. データクラス Book の作成（実装済）

JSON データから次の要素を取り出しデータクラス化した Book クラスを作成します。

5. JSON 解析クラス JsonHelper の作成（未実装）

JSON データを解析するためのロジッククラス JsonHelper クラスが作成されています。このクラスは次のメソッドが定義されています。

parseJson　引数で受け取った JSON 文字列を解析し、値を Book にセットする。

このメソッドは定義のみされており、処理は実装されていません。未実装の処理を実装させます。

```java
public static Book parseJson(String strJson) {
    Book book = new Book();

    try {
        // TODO JSON解析
        JSONObject json = new JSONObject(strJson);

        // TODO ISBN 取得
        JSONObject identifier = json.getJSONObject("identifier");
        JSONArray ISBNs = identifier.getJSONArray("ISBN");
        book.ISBN = ISBNs.getString(0);

        // TODO title 取得
        JSONArray titles = json.getJSONArray("title");
        JSONObject title = titles.getJSONObject(0);
        book.title = title.getString("value");

        // TODO publisher 取得
        JSONArray publishers = json.getJSONArray("publisher");
        JSONObject publisher = publishers.getJSONObject(0);
        book.publisher = publisher.getString("name");
    } catch (Exception e) {
        Log.e(TAG, e.getMessage(), e);
    }
```

```
    return book;
}
```

6. Activity に Button 押下時の処理を追加する（実装済）

［JSON］ボタン押下時に JsonHelper#parseJson メソッドを呼び出し、解析後のデータを取得します。TextView に解析結果を表示します。

アプリケーションを実行し、図 8.8 のように表示されることを確認してください。

第 9 章
データベース

第9章 データベース

この章の目的を以下に列挙します。

- SQLite の概要について理解する。
- adb コマンドを理解する。
- Android からデータベースを操作する方法を習得する。

9.1 SQLite

SQLite は、データ保存に単一ファイルを利用する軽量データベースです。データベースの操作に SQL を使用でき、トランザクションを管理できます。仕様とソースコードが公開されているため、多くの言語でドライバが開発されています。

9.1.1 SQLite のデータ型

SQLite は次の 5 種類のデータ型に対応しています。これらは SQLite が実際に扱うデータ型であって、カラムに指定するデータ型ではありません。

表9.1 ● SQLiteのデータ型

型	設定値
TEXT	テキスト。文字列
INTEGER	整数値
REAL	浮動小数点
BLOB	バイナリデータ
NULL	NULL

9.1.2 カラムに指定するデータ型

SQLite では、カラムにデータ型を定義する必要はありません。

```
CREATE TABLE sample_table(_id,name,value);
```

カラムに型を指定する場合は、次のようなデータ型を指定することができます。

- TEXT
- NUMERIC
- INTEGER
- REAL
- NONE

カラムのデータ型と値のデータ型は次のような組み合わせになります。

表9.2●カラムに指定するデータ型

型	設定値
TEXT	全てのデータ型を TEXT として扱う。
NUMERIC	TEXT と同じだが、数値は INTEGER または REAL に振り分けられる。
INTEGER	NUMERIC と同じだが、小数点以下が 0 の場合は整数値として表示する。
REAL	NUMERIC と同じだが、小数点以降も表示する。
NONE	データの型変換を行わない。

```
CREATE TABLE sample_table(_id INTEGER, name TEXT, value INTEGER);
```

SQLite では、データ追加時にカラムのデータ型と値のデータ型に合わせた自動的な型変換が行われるため、どのような型でもデータを追加することができます。そのため、カラムに対して別の型を指定しても仕様上エラーにはならないので、プログラム側でデータ型を意識する必要があります。

9.1.3 AndroidでSQLiteを操作する

AndroidではSQLiteが標準でサポートされています。AndroidからSQLiteを操作するには次のクラスを使用します。

SQLiteOpenHelper クラス	データベースを作成、データベースとの接続（オープン）、切断（クローズ）を行う。
SQLiteDatabase クラス	テーブルの検索、追加、更新、削除を行う。指定したSQLクエリを実行する。

9.1.4 データベースを作成する

データベースを作成するにはSQLiteOpenHelperクラスを継承するサブクラスを作成します。作成したサブクラスのコンストラクタでSQLiteOpenHelperクラスのコンストラクタを実行すると、SQLiteのデータベースファイルが作成されます。すでにデータベースファイルが存在する場合、2回目以降のコンストラクタが実行されてもファイルが作成されません。ファイルが存在しない場合のみデータベースファイルが作成されます。

9.1.5 テーブルを作成する

SQLiteOpenHelperを使用してデータベースが作成されると、onCreateメソッドが実行されます。onCreateメソッド内でテーブルを作成するSQLを実行し、テーブルを作成します。SQLを実行するために必要なSQLiteDatabaseオブジェクトはonCreateメソッドの引数で与えられます。与えられたSQLiteDatabaseオブジェクトを使用してSQLを実行し、テーブルを作成します。

9.1.6 データベースとテーブルを作成する

SQLiteOpenHelperとSQLiteDatabaseクラスを使って、次の手順でデータベースとテーブルを作成してみましょう。

1. SQLiteOpenHelper クラスのサブクラスを作成する。
2. コンストラクタで、データベースを作成する。
3. SQLiteOpenHelper の抽象メソッドをオーバライドする。
4. SQLiteOpenHelper#onCreate メソッドで、テーブルを生成する SQL 文（CREATE TABLE 文）を実行する。
5. Activity にデータベース接続する処理を追加する。
6. データベースを閉じる。

(1) SQLiteOpenHelper クラスのサブクラスを作成する

SQLiteOpenHelper クラスを継承した独自の SQLiteOpenHelper クラスを作成します。

```
public class SampleSQLiteOpenHelper extends SQLiteOpenHelper {
```

(2) コンストラクタで、データベースを作成する

コンストラクタで SQLiteOpenHelper クラスのコンストラクタを実行し、データベースを作成します。第 1 引数に Context、第 2 引数にデータベース名、第 3 引数に CursorFactory、第 4 引数にデータベースのバージョンを指定します。

```
public SampleSQLiteOpenHelper(Context context) {
    // データベースを作成する（データベース名は「SAMPLE_DATABASE」）
    super(context, "SAMPLE_DATABASE", null,1);
}
```

(3) SQLiteOpenHelper の抽象メソッドをオーバライドする

onCreate メソッドと onUpgrade メソッドをオーバライドします。

- **onCreate** テーブルを作成する処理を実装するメソッド
- **onUpgrade** テーブル定義を更新する処理を実装するメソッド（コンストラクタの第 4 引数の値が変更されると、このメソッドが呼び出されます。）

(4) SQLiteOpenHelper#onCreate メソッドで、テーブルを生成する SQL 文（CREATE TABLE 文）を実行する

テーブルを生成する SQL 文の文字列を作成します。onCreate メソッドの第 1 引数である SQLiteDatabase database の execSQL メソッドに SQL 文の文字列を与え、実行します。

```java
@Override
public void onCreate(SQLiteDatabase db) {
    db.execSQL("CREATE TABLE SAMPLE_TABLE(_id INTEGER,name TEXT);");
}
```

> **NOTE**
> Primary Key は「_id」という名称で定義する
> Android では、次の理由によりテーブルの Primary Key となるカラムは「_id」という名称で定義する必要があります。
> - Content Provider 経由でデータベースを利用する際に「_id」という列の値をユニーク ID とする仕様のため。
> - CursorAdapter や ArrayListCursor などのクラスで「_id」という列から情報を取得する実装が存在するため。

リスト9.1●手順1から4をまとめたコード

```java
public class SampleSQLiteOpenHelper extends SQLiteOpenHelper {

    public SampleSQLiteOpenHelper(Context context) {
        super(context, "SAMPLE_DATABASE", null, 1);
    }

    @Override
    public void onCreate(SQLiteDatabase db) {
        db.execSQL("CREATE TABLE SAMPLE_TABLE(_id INTEGER,name TEXT);");
    }

    @Override
    public void onUpgrade(SQLiteDatabase db, int oldVersion, int newVersion) {

    }

}
```

■ (5) Activity にデータベース接続する処理を追加する

作成した SQLiteOpenHelper を使って、データベースの接続を行います。Activity で SQLiteOpenHelper のインスタンスを生成します。初めて SQLiteOpenHelper のコンストラクタが実行されるときはデータベースファイルが作成され、テーブルが作成されます。2 回目以降はインスタンスの生成のみ行います。

```
SampleSQLiteOpenHelper helper = new SampleSQLiteOpenHelper(this);
```

生成されたインスタンスを使ってデータベースに接続するためのメソッドを実行します。接続用のメソッドには次のようなメソッドがあります。

getReadableDatabase	読み込み専用で SQLiteDatabase オブジェクトを取得する。
getWritableDatabase	書き込み可能な SQLiteDatabase オブジェクトを取得する。

ここでは onCreate メソッドで、読み込み専用で接続します。

```java
public class MainActivity extends Activity {

    @Override
    protected void onCreate(Bundle savedInstanceState) {
        super.onCreate(savedInstanceState);
        setContentView(R.layout.activity_main);

        SampleSQLiteOpenHelper helper = new SampleSQLiteOpenHelper(this);
        SQLiteDatabase database = helper.getReadableDatabase();
        if(database != null  && database.isOpen()){
            Log.v("DatabaseSample", "Succeeded in open the database.");
            helper.close();
            Log.v("DatabaseSample", "Succeeded in close the database.");
        }
    }
    ⋮
```

■ (6) 不要になったタイミングでデータベースを閉じる

不要になったタイミングでデータベースを閉じます。データベースを閉じるには、SQLiteOpenHelper クラスの close メソッドを実行します。

```
helper.close();
```

SQLiteDatabase クラスの isOpen メソッドを使うと、データベースが閉じているか確認できます。

```
if(database != null && database.isOpen()){
    Log.v("DatabaseSample", "Database is open.");
}
```

これで完了です。アプリケーションを実行して次のことを確認してください。

- データベースが作成されていることを確認する。
  DDMS を起動しファイルエクスプローラー「com.example.databasesample」の「database」内に「SAMPLE_DATABASE」が作成されていることを確認します。
  データベースファイルはデフォルトでは /data/data/ アプリケーションのパッケージ名 / databases 以下に保存されます。

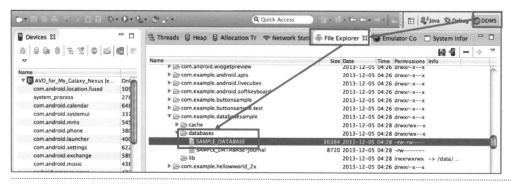

図9.1●データベースが作成されていることを確認する

- ログが出力されていることを確認する。
  データベースの作成とクローズログが出力されていることを確認します。

```
V  12-05 04:28:50.611  775   775  com.example.databasesample DatabaseSample    Succeeded in open the database.
V  12-05 04:28:50.611  775   775  com.example.databasesample DatabaseSample    Succeeded in close the database.
```

図9.2●ログが出力されていることを確認する

9.1.7 [実習] データベースの作成

データベースの作成と接続をするアプリケーションを作りましょう（解答は付録を参照）。

```
V  12-05 04:28:50.611  775  775  com.example.databasesample DatabaseSample  Succeeded in open the database.
V  12-05 04:28:50.611  775  775  com.example.databasesample DatabaseSample  Succeeded in close the database.
```

図9.3●動作確認はログを見て行う

表9.3●プロジェクト概要

項目	設定値
Project Name	DatabaseSample
Build Target	4.4
Aplication name	DatabaseSample
Package	com.example.databasesample
Create Activity	DatabaseSampleActivity
Layout File	activity_database_sample

作成手順は次のとおりです。

1. SQLiteOpenHelper のサブクラスを作成する。
2. Activity にデータベースの接続処理を追加する。

(1) SQLiteOpenHelper のサブクラスを作成する

SQLiteOpenHelper を継承した SampleSQLiteOpenHelper を作成します。次のような設定でデータベースとテーブルを作成します。

データベースの概要
- データベース名： SAMPLE_DATABASE
- テーブル名： SAMPLE_TABLE

テーブル構造
- _id： INTEGER 型、主キー、auto increment
- name： TEXT 型、Not Null
- value： INTEGER 型、Not Null

まず、データベース名、テーブル名、テーブル作成クエリを定数で用意します。

```java
public static final String SAMPLE_DATABASE = "SAMPLE_DATABASE";
public static final String SAMPLE_TABLE = "SAMPLE_TABLE";
public static final String CREATE_TABLE = "CREATE TABLE " + SAMPLE_TABLE
    + "(_id INTEGER PRIMARY KEY AUTOINCREMENT" + ",name TEXT not null"
    + ",value INTEGER not null" + ");";
```

次に、コンストラクタで親クラスのコンストラクタを呼び出し、データベースを作成します。

```java
public SampleSQLiteOpenHelper(Context context) {
    super(context, SAMPLE_DATABASE, null, 1);
}
```

そして、onCreate メソッドと onUpgreade メソッドをオーバライドします。onCreate メソッドでテーブルを作成するクエリを実行し、onUpgrade メソッドは空実装します。

```java
@Override
public void onCreate(SQLiteDatabase database) {
    database.execSQL(CREATE_TABLE);
}
```

```
@Override
public void onUpgrade(SQLiteDatabase arg0, int arg1, int arg2) {
}
```

リスト9.2●手順1をまとめたコード（SampleSQLiteOpenHelper.java）

```
package com.example.databasesamle;

import android.content.Context;
import android.database.sqlite.SQLiteDatabase;
import android.database.sqlite.SQLiteOpenHelper;

public class SampleSQLiteOpenHelper extends SQLiteOpenHelper {

    public static final String SAMPLE_DATABASE = "SAMPLE_DATABASE";
    public static final String SAMPLE_TABLE = "SAMPLE_TABLE";
    public static final String CREATE_TABLE = "CREATE TABLE " + SAMPLE_TABLE
            + "(_id INTEGER PRIMARY KEY AUTOINCREMENT" + ",name TEXT not null"
            + ",value INTEGER not null" + ");";

    public SampleSQLiteOpenHelper(Context context) {
        super(context, SAMPLE_DATABASE, null, 1);
    }

    @Override
    public void onCreate(SQLiteDatabase database) {
        database.execSQL(CREATE_TABLE);
    }

    @Override
    public void onUpgrade(SQLiteDatabase db, int oldVersion, int newVersion) {
    }

}
```

(2) Activityにデータベースの接続処理を追加する

　onCreateメソッドでデータベースの接続処理を追加します。SampleSQLiteOpenHelperを使ってSQLiteDatabaseオブジェクトを読み込み専用で取得し、接続されていることを確認してクローズします。接続とクローズのタイミングでログを出力します。

```
@Override
protected void onCreate(Bundle savedInstanceState) {
    super.onCreate(savedInstanceState);
    setContentView(R.layout.activity_database_sample);
    SampleSQLiteOpenHelper helper = new SampleSQLiteOpenHelper(this);
    SQLiteDatabase database = helper.getReadableDatabase();
    if(database != null  && database.isOpen()){
        Log.v("DatabaseSample", "Succeeded in open the database.");
        helper.close();
        Log.v("DatabaseSample", "Succeeded in close the database.");
    }
}
```

これで完了です。アプリケーションを実行して次のことを確認してください。

- データベースが作成されている。
- 接続とクローズログが出力されている。

9.2 sqlite3

sqlite3 を使うことで、コマンドラインからデータベースを操作することができます。sqlite3 はシェルを起動して利用します。

シェルを起動する

adb shell コマンドは、端末・エミュレータに接続し、シェルを起動します。

```
> adb shell
```

データベースに接続する

シェル画面から「sqlite3 <データベースのパス>」でデータベースに接続することができます。

```
# sqlite3 /data/data/com.example.databasesample/databases/SAMPLE_DATABASE
```

```
SQLite version 3.7.11 2012-03-20 11:35:50
Enter ".help" for instructions
Enter SQL statements terminated with a ";"
sqlite>
```

sqlite3 コマンド

sqlite3 では次のようなコマンドを実行することができます。

.help	ヘルプを表示する。
.dump	ダンプファイルを表示する。
.schema	CREATE 文を表示する。
.tables	テーブル一覧を表示する。
SQL 文	SQL 文を発行する。
	例）SELECT * FROM SAMPLE_TABLE;
.header on | off	カラム名の表示を ON/OFF にする。
.exit	sqlite3 を終了する。

9.2.1 ［実習］sqlite3 を使ったデータベースの操作

sqlite3 を使ってデータベースに接続しましょう。なお、root 権限が必要な処理が含まれるため、この実習はエミュレータで行います。

```
$ adb shell
# cd /data/data/com.example.databasesample/databases
# sqlite3 SAMPLE_DATABASE
SQLite version 3.7.11 2012-03-20 11:35:50
Enter ".help" for instructions
Enter SQL statements terminated with a ";"
sqlite> .tables
SAMPLE_TABLE     android_metadata
sqlite> .dump
PRAGMA foreign_keys=OFF;
BEGIN TRANSACTION;
CREATE TABLE android_metadata (locale TEXT);
INSERT INTO "android_metadata" VALUES('en_US');
CREATE TABLE SAMPLE_TABLE(_id INTEGER,name TEXT);
COMMIT;
sqlite>
```

図9.4●出力例

(1) シェルを起動する

adb コマンドを使ってシェルを起動します。

```
> adb shell
```

(2) データベースファイルを確認する

データベースファイルのディレクトリまで移動し、データベースファイルが存在することを確認します。

```
# cd /data/data/com.example.databasesample/databases/
# ls
SAMPLE_DATABASE
```

(3) sqlite3 コマンドでデータベースに接続する

データベースに接続します。

```
# sqlite3 SAMPLE_DATABASE
SQLite version 3.7.11 2012-03-20 11:35:50
Enter ".help" for instructions
Enter SQL statements terminated with a ";"
sqlite>
```

(4) テーブルの CREATE 文を表示する

テーブルが存在することを確認し、CREATE 文を表示します。

```
sqlite> .tables
SAMPLE_TABLE      android_metadata

sqlite> .dump
PRAGMA foreign_keys=OFF;
BEGIN TRANSACTION;
CREATE TABLE android_metadata (locale TEXT);
INSERT INTO "android_metadata" VALUES('en_US');
CREATE TABLE SAMPLE_TABLE(_id INTEGER,name TEXT);
COMMIT;
```

CREATE文が正しく表示されていることを確認してください。テーブル作成が間違っていた場合は次の手順で修正します。

1. DDMSからデータベースファイルを削除する。
2. テーブル作成部分のソースを修正し、アプリケーションを実行する。
3. データベースの確認をする。

9.3 データの検索

9.3.1 データを検索する方法

データの検索はSQLiteDatabase#queryメソッドで行います。queryメソッドは引数にSELECT文で使う要素を指定します。戻り値のCursorは結果セットをループしてデータを取得したり、Index指定で取得することができます（Cursorの使用方法については後述します）。

```
public Cursor query(String table,
                    String[] columns,
                    String selection,
                    String[] selectionArgs,
                    String groupBy,
                    String having,
                    String orderBy,
                    String limit )
```

表9.4●queryメソッドの引数

引数	説明
String table	テーブル名
String[] columns	取得する列名を配列で指定する
String selection	検索条件
String[] selectionArgs	selectionに「?」が含まれていた場合、置換する値を配列で指定する
String groupBy	GROUP BY句相当の文字列

引数	説明
String having	HAVING 句相当の文字列
String orderBy	ORDER BY 句相当の文字列
String limit	LIMIT 句相当の文字列

9.3.2 全件検索する

検索条件や取得配列を指定しない場合は、queryメソッドの第2引数以降をnullで指定します。戻り値のCursorオブジェクトからgetCountメソッドを使用することで件数を取得することができます。Cursorは不要になったタイミングで閉じる必要があるので、Cursor#closeメソッドを使って閉じます。

リスト9.3●全件検索の例

```
SampleSQLiteOpenHelper helper = new SampleSQLiteOpenHelper(this);
SQLiteDatabase database = helper.getReadableDatabase();

// 全件検索する
Cursor cursor = database.query(SampleSQLiteOpenHelper.SAMPLE_TABLE, null, null,
        null, null, null, null);
if (cursor != null) {
    Log.v("DatabaseSample", "[データ件数：" + cursor.getCount() + "件]");
    cursor.close();
}
helper.close();
```

9.3.3 ［実習］データの全件検索

9.2.1節の実習で作成したプログラムに、次の手順で全件検索機能を追加します（解答は付録を参照）。

1. 検索結果画面を作成する。
2. リソースファイルを修正する。
3. 検索ボタン押下時の処理を追加する。

4. 検索結果画面に検索処理を追加する。

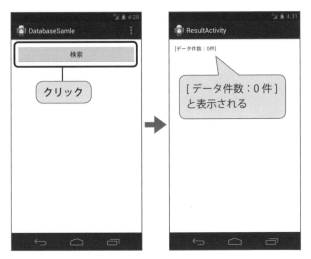

図9.5●動作の概要

(1) 検索結果画面を作成する

検索結果画面のActivityを作成し、AndroidManifest.xmlファイルに登録します。Activityの追加方法は「第6章 画面遷移」を参照してください。

　　ファイル名：ResultActivity.java

(2) リソースファイルを修正する

リソースファイルを修正します。次のように文字列リソースを追加します。

リスト9.4●strings.xml

```
<string name="search">検索</string>
```

また、メイン画面のレイアウトにButtonを追加します。

リスト9.5●activity_database_sample.xml

```xml
<LinearLayout xmlns:android="http://schemas.android.com/apk/res/android"
    ⋮
    >

    <Button
        android:id="@+id/button1"
        android:layout_width="match_parent"
        android:layout_height="wrap_content"
        android:text="@string/search"
        android:onClick="onClickSearchButton" />

</LinearLayout>
```

そして、検索結果画面のレイアウトを次のように設定します。

リスト9.6●activity_result.xml

```xml
<LinearLayout xmlns:android="http://schemas.android.com/apk/res/android"
    ⋮
    >

    <TextView
        android:id="@+id/text_count"
        android:layout_width="wrap_content"
        android:layout_height="wrap_content" />

</LinearLayout>
```

(3) 検索ボタン押下時の処理を追加する

DatabaseSampleActivityで検索ボタンが押されたときに検索結果画面へ遷移する処理を追加します。

リスト9.7●DatabaseSampleActivity.java

```java
public void onClickSearchButton(View v) {
    Intent intent = new Intent(this, ResultActivity.class);
    startActivity(intent);
}
```

(4) 検索結果画面に検索処理を追加する

ResultActivity クラスに、検索処理と Cursor のクローズ処理を追加します。
まず、Cursor 型のメンバ変数 cursor を定義します。

```
Cursor cursor;
```

次に、onCreate メソッドに検索処理を追加します。SQLiteDatabase#query を実行して Cursor を取得します。Cursor から結果件数を取得し、text_search に次のメッセージを表示させます。

```
[データ件数：XX件]
```

DatabaseSampleActivity の onCreate メソッドに記述した DB 接続処理のコードは削除します。ResultActivity の onCreat メソッドは次のようになります。

リスト9.8●ResultActivity.java

```java
protected void onCreate(Bundle savedInstanceState) {
    super.onCreate(savedInstanceState);
    setContentView(R.layout.activity_result);
    TextView textCount = (TextView) findViewById(R.id.text_count);

    SampleSQLiteOpenHelper helper = new SampleSQLiteOpenHelper(this);
    SQLiteDatabase database = helper.getReadableDatabase();

    // 全件検索する
    cursor = database.query(SampleSQLiteOpenHelper.SAMPLE_TABLE, null, null, null, null,
            null, null);
    if (cursor != null) {
        textCount.setText("[データ件数：" + cursor.getCount() + "件]");
    }
    helper.close();
}
```

そして、onDestroy メソッドで Cursor をクローズします（ここでは Acitivity が破棄されるタイミングでクローズしています）。

リスト9.9●ResultActivity.javaのonDestroy

```
protected void onDestroy() {
    super.onDestroy();
    cursor.close();
}
```

これで完了です。アプリケーションを実行し、検索件数が0件であることを確認してください。

9.4 データの追加

データの追加はSQLiteDatabase#insertメソッドで行います。insertメソッドの定義は次のようになっています。

```
public long insert (String table, String nullColumnHack, ContentValues values)
```

引数には追加したいレコード情報を指定します。戻り値は_idです。データの追加に失敗した場合は、-1が戻り値として返却されます。

insertメソッドのパラメータは次のようになります。

String table	テーブル名
String nullColumnHack	nullが許容されていないカラムのデフォルト値
ContentValues values	追加データのカラム名と値をもったContentValuesオブジェクト

リスト9.10●insertの例

```
SampleSQLiteOpenHelper databaseOpenHelper = new SampleSQLiteOpenHelper(this);
// 書込可能のSQLiteDatabaseオブジェクトを取得する
SQLiteDatabase database = databaseOpenHelper.getWritableDatabase();

// isnertデータの設定
```

```
ContentValues values = new ContentValues();
values.put("name", "name1");
values.put("value", 100);

// データを追加する
long result = database.insert(SampleSQLiteOpenHelper.SAMPLE_TABLE, null, values);
Log.v("AddActivity", "Result:" + result);
// データベースから切断する
databaseOpenHelper.close();
if (result != -1) {
    Toast.makeText(this, "登録完了", Toast.LENGTH_LONG).show();
}
```

9.4.1 ［実習］データの追加

9.3.3節の実習で作成したプログラムを修正し、データの登録機能を追加しましょう（解答は付録を参照）。

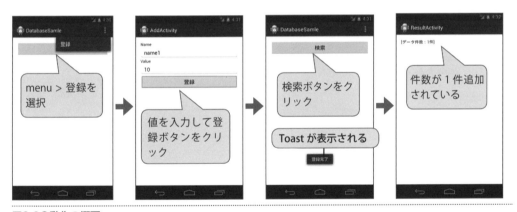

図9.6●動作の概要

おおまかな手順は次のとおりです。

1. リソースファイルを修正する。
2. 登録画面を追加する。
3. 登録メニュー押下時の処理を追加する。

4. 登録処理を追加する。

(1) リソースファイルを修正する

文字列リソースを追加します。

リスト9.11●strings.xml

```xml
<string name="add">登録</string>
<string name="add_complete">登録完了</string>
<string name="name">Name</string>
<string name="value">Value</string>
```

また、追加画面のレイアウトを次のようにします。

リスト9.12●activity_add.xml

```xml
<LinearLayout xmlns:android="http://schemas.android.com/apk/res/android"
    ⋮
    >

    <TextView
        android:layout_width="wrap_content"
        android:layout_height="wrap_content"
        android:text="@string/name" />

    <EditText
        android:id="@+id/edit_name"
        android:layout_width="match_parent"
        android:layout_height="wrap_content"
        android:ems="10" >

    </EditText>
    <TextView
        android:layout_width="wrap_content"
        android:layout_height="wrap_content"
        android:text="@string/value" />

    <EditText
        android:id="@+id/edit_value"
        android:layout_width="match_parent"
        android:layout_height="wrap_content"
```

```
            android:ems="10" >

    </EditText>

    <Button
        android:layout_width="match_parent"
        android:layout_height="wrap_content"
        android:text="@string/add"
        android:onClick="onClickAddButton" />

</LinearLayout>
```

メイン画面のメニューリソースは次のようにします。

リスト9.13●datavase_sample.xml

```
<menu xmlns:android="http://schemas.android.com/apk/res/android" >

    <item
        android:id="@+id/menu_add"
        android:title="@string/add">
    </item>

</menu>
```

(2) 登録画面を追加する

登録画面の Activity を作成し、AndroidManifest.xml ファイルに登録します。表示レイアウトに activity_add.xml を指定します。

　　ファイル名：AddActivity.java

(3) 登録メニュー押下時の処理を追加する

メイン画面に登録メニュー選択後に AddActivity に遷移する処理を追加します。

```
@Override
public boolean onOptionsItemSelected(MenuItem item) {
    Intent intent = new Intent(this, AddActivity.class);
    startActivity(intent);
```

```
    return false;
}
```

(4) 登録処理を追加する

AddActivity にデータの登録処理を追加します。

登録ボタンが押されると onClickAddButton メソッドが呼び出されます。メソッドの定義を追加します。

```
public void onClickAddButton(View v){

}
```

onClickAddButton メソッドに EditText の入力値を取得する処理を追加します。TextUtil クラスの isEmpty メソッドを使うと入力値のチェックができます。

```
// Nameの取得
EditText editName = (EditText) findViewById(R.id.edit_name);
String name = editName.getText().toString();

// Valueの取得
EditText editValue = (EditText) findViewById(R.id.edit_value);
String value = editValue.getText().toString();

if (!TextUtils.isEmpty(name) && !TextUtils.isEmpty(value)) {

}
```

EditText に入力された値を使ってデータの登録処理を追加します。登録結果の値を出力します。

```
SampleSQLiteOpenHelper databaseOpenHelper = new SampleSQLiteOpenHelper(this);
// 書込可能のSQLiteDatabaseオブジェクトを取得する
SQLiteDatabase database = databaseOpenHelper.getWritableDatabase();

// isnertデータの設定
ContentValues values = new ContentValues();
values.put("name", name);
values.put("value", value);
```

```java
// データを追加する
long result = database.insert(SampleSQLiteOpenHelper.SAMPLE_TABLE, null, values);
Log.v("AddActivity", "Result:" + result);
// データベースから切断する
databaseOpenHelper.close();
```

登録完了後に Toast を表示し、Activity を終了します。

```java
if (result != -1) {
    Toast.makeText(this, R.string.add_complete, Toast.LENGTH_LONG).show();
    finish();
}
```

以上の処理を追加すると、onClickAddButton のコードは次のようになります。

リスト9.14●onClickAddButtonのコード

```java
public void onClickAddButton(View v) {

    // Nameの取得
    EditText editName = (EditText) findViewById(R.id.edit_name);
    String name = editName.getText().toString();

    // Valueの取得
    EditText editValue = (EditText) findViewById(R.id.edit_value);
    String value = editValue.getText().toString();

    if (!TextUtils.isEmpty(name) && !TextUtils.isEmpty(value)) {

        SampleSQLiteOpenHelper databaseOpenHelper = new SampleSQLiteOpenHelper(this);
        // 書込可能のSQLiteDatabaseオブジェクトを取得する
        SQLiteDatabase database = databaseOpenHelper.getWritableDatabase();

        // isnertデータの設定
        ContentValues values = new ContentValues();
        values.put("name", name);
        values.put("value", value);

        // データを追加する
        long result = database.insert(SampleSQLiteOpenHelper.SAMPLE_TABLE, null, values);
        Log.v("AddActivity", "Result:" + result);
```

```
        // データベースから切断する
        databaseOpenHelper.close();
        if (result != -1) {
            Toast.makeText(this, R.string.add_complete, Toast.LENGTH_LONG).show();
            finish();
        }
    }
}
```

これで完了です。アプリケーションを実行し、次のことを確認してください。

- insert メソッドの戻り値が -1 でないこと。
- 登録完了メッセージの Toast が表示されていること。
- 登録後に検索を行い、データ件数が 1 件になっていること。
- Activity が終了し、検索画面が表示されていること。

9.5 レコードの内容を取得する

データベースから取得したデータを取り出すには Cursor インターフェースを使います。Cursor インターフェースは SQLiteDatabase#query メソッドの戻り値です。Cursor は検索結果の 1 レコードに対応しています。

Cursor インターフェースが提供しているメソッドを使うことにより、検索結果のカーソルを最初に移動したり、カーソルが指しているレコードから指定したデータを取り出すことができます。Cursor インターフェースに定義されている主なメソッドを次に示します。

int getCount()   レコード件数を取得する。

int getInt(int columnIndex)   index 指定したカラムの値を数値で取得する。

String getString(int columnIndex)
         index 指定したカラムの値を文字列で取得する。

int getColumnIndex(String columnName)
         指定したカラムの index 値を取得する。

boolean moveToFirst()	先頭レコードにカーソルを移動する。
boolean moveToNext()	次のレコードにカーソルを移動する。

データの取り出しは次の手順で行います。

1. SQLiteDatabase#query で Cursor を取得する。
2. 先頭レコードにカーソルを合わせる。
3. カラムの index を取得する。
4. カラム index を指定してデータを Cursor から取り出す。

```
// 手順 1. SQLiteDatabase#queryでCursorを取得する
cursor = database.query(SampleSQLiteOpenHelper.SAMPLE_TABLE, null, null, null,
        null, null, null);
if (cursor != null) {
    textCount.setText("[データ件数：" + cursor.getCount() + "件]");
    // 手順 2. 先頭レコードにカーソルを合わせる
    while (cursor.moveToNext()) {

        // 手順 3. カラムのindexを取得する
        // 手順 4. カラムindexを指定してデータをCursorから取り出す
        String name = cursor.getString(cursor.getColumnIndex("name"));
        int value = cursor.getInt(cursor.getColumnIndex("value"));
        Log.v("ResultActivity", "name:" + name + " value:" + value);
    }
}
```

9.5.1 ［実習］取得データを表示する

9.4.1 節の実習で作成したプログラムを修正し、検索結果をログに出力します（解答は付録を参照）。

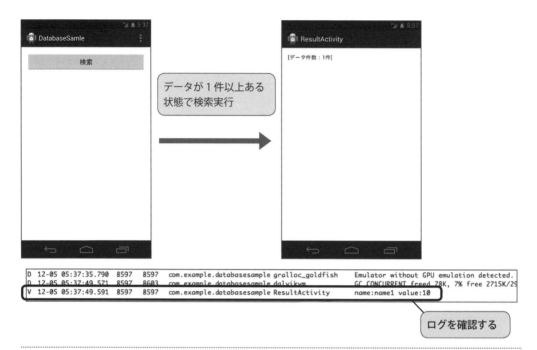

図9.7●動作の概要

ResultActivityを修正して、取得したデータの内容をログに出力する処理を追加します。

```
protected void onCreate(Bundle savedInstanceState) {
    ︙
    if (cursor != null) {
        textCount.setText("[データ件数：" + cursor.getCount() + "件]");
        // データの数だけループする
        while (cursor.moveToNext()) {
            // nameを取得
            String name = cursor.getString(cursor.getColumnIndex("name"));
            // valueを取得
            int value = cursor.getInt(cursor.getColumnIndex("value"));
            Log.v("ResultActivity", "name:" + name + " value:" + value);
        }
    }
    helper.close();
}
```

アプリケーションを実行し、取得データがログに出力されていることを確認してください。

9.6 データを一覧表示する

　Cursorから取得するデータベースのデータを画面に一覧表示するには、ListViewとListActivityクラスを使用します。Androidは、Cursorの情報を一覧表示するためにAdapterという仕組みを提供しています。CursorオブジェクトとListActivityをAdapterを使用して関連付けを行うことにより、Cursorの情報を画面のListViewに表示します。

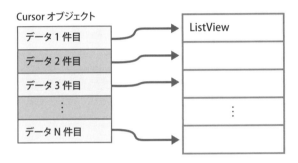

図9.8●CursorとListViewの関係

9.6.1　実装方法

　Cursorオブジェクトの内容を一覧画面に表示するには、SimpleCursorAdapterオブジェクトを使います。SimpleCursorAdapterオブジェクトはコンストラクタを使って生成します。

```
public SimpleCursorAdapter (Context context,
                            int layout,
                            Cursor c,
                            String[] from,
                            int[] to,
                            int flags)
```

　引数には次の値を指定します。

第1引数　　　Context
第2引数　　　行のレイアウトid
第3引数　　　カーソルオブジェクト
第4引数　　　カーソルから取得するデータのキー
第5引数　　　第4引数で指定したデータを表示させるビューのid
第6引数　　　アダプターの動作を指定するためのフラグ（CursorAdapterクラスに定数が提供されています。http://developer.android.com/reference/android/widget/CursorAdapter.html）

ListActivity#setListAdapterメソッドを使用し、SimpleCursorAdapterオブジェクトをListActivityに登録する例です。

以下の例では、行のレイアウトを「android.R.layout.simple_list_item_1」に指定し、そのレイアウトリソースに定義されているtext1というTextViewに、nameカラムの値を表示しています。第6引数にはFLAG_REGISTER_CONTENT_OBSERVERを設定しておくとよいでしょう。そうすれば監視しているデータの更新を検知することができます。これは応用的な使い方なので、本書では説明を省略します。

設定できるフラグは次の2つだけですが、FLAG_AUTO_REQUERYは非推奨となっているため、実際のところFLAG_REGISTER_CONTENT_OBSERVERしか指定できるものがありません。

- FLAG_REGISTER_CONTENT_OBSERVER
- FLAG_AUTO_REQUERY

```
SimpleCursorAdapter simpleCursorAdapter = new SimpleCursorAdapter(
                    this,
                    android.R.layout.simple_list_item_1,
                    cursor,
                    new String[] { "name" },
                    new int[] { android.R.id.text1 },
                    CursorAdapter.FLAG_REGISTER_CONTENT_OBSERVER);
setListAdapter(simpleCursorAdapter);
```

9.6.2 [実習] データの一覧表示

9.5.1 節の実習で作成したプログラムを修正し、検索結果を一覧表示します（解答は付録を参照）。

図9.9●動作の概要

おおまかな手順は次のとおりです。

1. リソースファイルを修正する。
2. 一覧画面を作成する。
3. 一覧画面に検索結果の表示処理を追加する。
4. MainActivity を修正する。

(1) リソースファイルを修正する

strings.xml に、表示するデータがなかったときのメッセージを追加します。

リスト9.15●strings.xml

```
<string name="empty">データがありません</string>
```

また、検索結果画面のレイアウトを次のように設定します。ListView と TextView の id の指

定に気をつけてください。

ListActivityにはデータが0件のときにメッセージを表示する機能が備わっています。TexViewのidを「@android:id/empty」と指定すると、表示するデータが0件のときにListViewが非表示になり、代わりにTextViewが表示されます。

リスト9.16●activity_result_list.xml

```xml
<Linearlayout xmlns:android="http://schemas.android.com/apk/res/android"
    ⋮
    >

    <ListView
        android:id="@android:id/list"
        android:layout_width="match_parent"
        android:layout_height="wrap_content" >
    </ListView>

    <TextView
        android:id="@android:id/empty"
        android:layout_width="wrap_content"
        android:layout_height="wrap_content"
        android:text="@string/empty" />

</LinearLayout>
```

(2) 一覧画面を作成する

ListActivityを継承した一覧画面のActivityを作成し、AndroidManifest.xmlファイルに登録します。Cursor型のメンバ変数を定義し、表示レイアウトファイルをactivity_result_list.xmlに設定します。

リスト9.17●ResultListActivity.java

```java
public class ResultListActivity extends ListActivity {

    private Cursor cursor;

    @Override
    protected void onCreate(Bundle savedInstanceState) {
        super.onCreate(savedInstanceState);
```

```
        setContentView(R.layout.activity_result_list);
    }
```

(3) 一覧画面に検索結果の表示処理を追加する

ResultListActivity に検索処理を終了処理を追加します。

onStart メソッドをオーバライドし、全件検索処理に追加します。取得した Cursor オブジェクトを使って、SimpleCursorAdapter オブジェクトを生成します。setListAdapter メソッドを実行し、ResultListActivity に SimpleCursorAdapter オブジェクトを登録します。

```
protected void onStart() {
    super.onStart();
    SampleSQLiteOpenHelper helper = new SampleSQLiteOpenHelper(this);
    SQLiteDatabase database = helper.getReadableDatabase();

    // 全件検索する
    cursor = database.query(SampleSQLiteOpenHelper.SAMPLE_TABLE,
            null, null, null, null, null, null);
    if (cursor != null) {
        SimpleCursorAdapter simpleCursorAdapter = new SimpleCursorAdapter(
                this,
                android.R.layout.simple_list_item_1,
                cursor,
                new String[] { "name" },
                new int[] { android.R.id.text1 },
                CursorAdapter.FLAG_REGISTER_CONTENT_OBSERVER);
        setListAdapter(simpleCursorAdapter);
    }
    helper.close();
}
```

また、onStop メソッドをオーバライドし、Cursor をクローズします。

```
@Override
protected void onStop() {
    super.onStop();
    cursor.close();
}
```

■ (4) MainActivity を修正する

検索画面からの遷移先を ResultListActivity に変更します。

```
public void onClickSearchButton(View v) {
    Intent intent = new Intent(this, ResultListActivity.class);
    startActivity(intent);
}
```

これで完了です。アプリケーションを実行して検索結果が一覧表示されることを確認してください。

9.7 条件検索

query メソッドの第 3 引数、第 4 引数に検索条件を指定することができます。条件の指定方法は次の 2 通りです。

- 第 3 引数に where 句相当の文字列を記述する。
- 第 3 引数に「カラム名 =?」の書式で指定し、第 4 引数に「?」の値を保持した String 配列を指定する。

1 つ目の方法で _id の値が 1 のデータを取得するには、次のようにします。

```
cursor = database.query(SampleSQLiteOpenHelper.SAMPLE_TABLE, null, "_id=1", null, null,
        null, null);
```

2 つ目の方法で _id の値が 1 のデータを取得するには、次のようにします。

```
cursor = database.query(SampleSQLiteOpenHelper.SAMPLE_TABLE, null, "_id=?",
        new String[]{"1"}, null, null, null);
```

9.7.1 [実習] 条件検索

9.6.2節の実習で作成したプログラムを修正し、詳細画面を表示する機能を追加します（解答は付録を参照）。

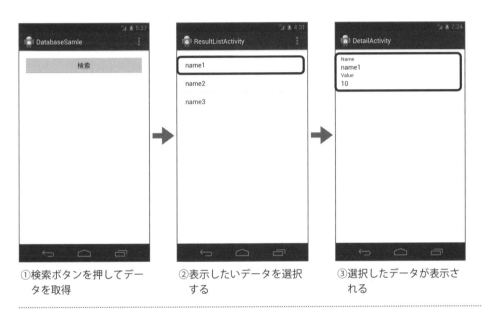

①検索ボタンを押してデータを取得　②表示したいデータを選択する　③選択したデータが表示される

図9.10●動作の概要

おおまかな手順は次のとおりです。

1. リソースファイルを修正する。
2. 詳細画面を追加する。
3. 一覧画面に画面遷移処理を追加する。
4. 詳細画面にデータを表示する処理を追加する。

■(1) リソースファイルを修正する

詳細画面のレイアウトを次のように設定します。

リスト9.18● activity_detail.xml

```xml
<LinearLayout xmlns:android="http://schemas.android.com/apk/res/android"
    ⋮
    >

    <TextView
        android:layout_width="wrap_content"
        android:layout_height="wrap_content"
        android:text="@string/name" >
    </TextView>

    <TextView
        android:id="@+id/text_name"
        android:layout_width="wrap_content"
        android:layout_height="wrap_content"
        android:textAppearance="?android:attr/textAppearanceMedium" >
    </TextView>

    <TextView
        android:layout_width="wrap_content"
        android:layout_height="wrap_content"
        android:text="@string/value" >
    </TextView>

    <TextView
        android:id="@+id/text_value"
        android:layout_width="wrap_content"
        android:layout_height="wrap_content"
        android:textAppearance="?android:attr/textAppearanceMedium" >
    </TextView>

</LinearLayout>
```

■(2) 詳細画面を追加する

詳細画面の Activity を作成し、AndroidManifest.xml ファイルに登録します。Cursor 型のメンバ変数を定義し、表示レイアウトファイルを「activity_detail.xml」に設定します。

リスト9.19●DetailActivity.java

```java
public class DetailActivity extends Activity {
    private Cursor cursor;

    @Override
    protected void onCreate(Bundle savedInstanceState) {
        super.onCreate(savedInstanceState);
        setContentView(R.layout.activity_detail);
    }
```

(3) 一覧画面に画面遷移処理を追加する

ResultListActivityを修正し、アイテム選択時に詳細画面に遷移する処理を追加します。遷移するときに、選択アイテムの_idの値をIntentに格納します。

```java
@Override
protected void onListItemClick(ListView listView, View view, int position, long id) {
    Intent intent = new Intent(this, DetailActivity.class);
    intent.putExtra("id", id);
    startActivity(intent);
}
```

(4) 詳細画面にデータを表示する処理を追加する

DetailActivityに条件検索し、詳細データを表示する処理を追加します。

まず、Intentから_idの値を取得します。DetailActivityのonStartメソッドで、インテントオブジェクトを取得します。Intentから選択アイテムの_idを取得します。

```java
@Override
protected void onStart() {
    super.onStart();
    long id = getIntent().getLongExtra("id", -1);
}
```

次に、取得した_idの値を使って条件検索します。取得したデータをTextViewに設定します。

```
SampleSQLiteOpenHelper databaseOpenHelper = new SampleSQLiteOpenHelper(this);
// 読込専用のSQLiteDatabaseオブジェクトを取得する
SQLiteDatabase database = databaseOpenHelper.getReadableDatabase();

// 条件検索
cursor = database.query(SampleSQLiteOpenHelper.SAMPLE_TABLE, null, "_id=" + id, null,
        null, null, null);
if (cursor != null) {
    cursor.moveToFirst();

    // nameをセット
    TextView textName = (TextView) findViewById(R.id.text_name);
    String name = cursor.getString(cursor.getColumnIndex("name"));
    textName.setText(name);

    // valueをセット
    TextView textValue = (TextView) findViewById(R.id.text_value);
    String value = cursor.getString(cursor.getColumnIndex("value"));
    textValue.setText(value);
}
// データベースから切断する
databaseOpenHelper.close();
```

そして、onStop メソッドをオーバライドし、Cursor をクローズします。

```
@Override
protected void onStop() {
    super.onStop();
    cursor.close();
}
```

これで完了です。検索結果一覧画面から 1 件選択し、選択したデータが詳細画面で表示されることを確認してください。

9.8 データの更新

データベースのデータを更新するには、SQLiteDatabase の update メソッドを使用します。

```
public int update(String table,
                  ContentValues values,
                  String whereClause,
                  String[] whereArgs)
```

引数には更新したいレコード情報を指定します。戻り値は更新件数です。更新に失敗した場合は -1 が戻り値として返却されます。

update メソッドのパラメータは次のようになります。

String table	テーブル名
ContentValues values	更新データのカラム名と値をもった ContentValues オブジェクト
String whereClause	WHERE 句相当の条件式
String[] whereArgs	第 3 引数に "?" が含まれる場合に置き変わる値を保持した String 配列

リスト9.20●updateの例

```java
SampleSQLiteOpenHelper databaseOpenHelper = new SampleSQLiteOpenHelper(
        this);
SQLiteDatabase database = databaseOpenHelper.getWritableDatabase();

// updateデータの設定
ContentValues values = new ContentValues();
values.put("name", name);
values.put("value", value);

// データを更新する
long result = database.update(SampleSQLiteOpenHelper.SAMPLE_TABLE,
        values, "_id=" + id, null);

databaseOpenHelper.close();
```

```
if (result != -1) {
    Toast.makeText(this, "更新完了", Toast.LENGTH_LONG).show();
    finish();
}
```

9.8.1 [実習] データの更新

9.7.1節の実習で作成したプログラムを修正し、データの更新機能を追加します（解答は付録を参照）。

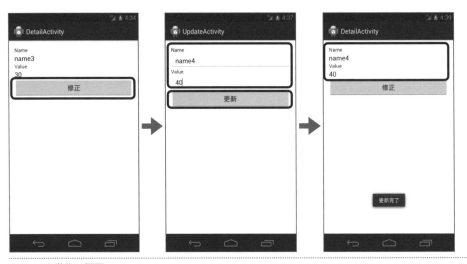

図9.11●動作の概要

おおまかな手順は次のとおりです。

1. リソースファイルを修正する。
2. 更新画面を作成する。
3. 詳細画面からの画面遷移処理を追加する。
4. データベース更新処理を追加する。

≡(1) リソースファイルを修正する

strings.xml に次の文字列リソースを追加します。

リスト9.21●strings.xml

```xml
<string name="edit">修正</string>
<string name="update">更新</string>
<string name="update_complete">更新完了</string>
```

また、詳細画面のレイアウトを次のように設定します。

リスト9.22●activity_detail.xml

```xml
<LinearLayout xmlns:android="http://schemas.android.com/apk/res/android"
    ⋮
    >

    <TextView ... />
    <TextView ... />
    <TextView ... />
    <TextView ... />

    <Button
        android:id="@+id/button_edit"
        android:layout_width="match_parent"
        android:layout_height="wrap_content"
        android:onClick="onClickEditButton"
        android:text="@string/edit" >
    </Button>

</LinearLayout>
```

更新画面のレイアウトは次のように設定します。

リスト9.23●activity_update.xml

```xml
<LinearLayout xmlns:android="http://schemas.android.com/apk/res/android"
    ⋮
    >
```

```xml
    <TextView
        android:layout_width="wrap_content"
        android:layout_height="wrap_content"
        android:text="@string/name" >
    </TextView>

    <EditText
        android:id="@+id/edit_name"
        android:layout_width="match_parent"
        android:layout_height="wrap_content" >
    </EditText>

    <TextView
        android:layout_width="wrap_content"
        android:layout_height="wrap_content"
        android:text="@string/value" >
    </TextView>

    <EditText
        android:id="@+id/edit_value"
        android:layout_width="match_parent"
        android:layout_height="wrap_content"
        android:inputType="number" >
    </EditText>

    <Button
        android:id="@+id/button_decide"
        android:layout_width="match_parent"
        android:layout_height="wrap_content"
        android:onClick="onClickUpdateButton"
        android:text="@string/update" >
    </Button>

</LinearLayout>
```

(2) 更新画面を作成する

更新画面の Activity を作成し、AndroidManifest.xml ファイルに登録します。onCreate メソッドでメンバ変数の初期化を行い、更新対象の現在の設定値を表示します。

リスト9.24●UpdateActivity.java

```java
public class UpdateActivity extends Activity {

    private EditText editName;
    private EditText editValue;
    private long id;

    @Override
    public void onCreate(Bundle savedInstanceState) {
        super.onCreate(savedInstanceState);
        setContentView(R.layout.activity_update);

        editName = (EditText) findViewById(R.id.edit_name);
        editValue = (EditText) findViewById(R.id.edit_value);

        // Intentから値を取得
        Intent intent = getIntent();
        id = intent.getLongExtra("id", -1);
        String name = intent.getStringExtra("name");
        String value = intent.getStringExtra("value");
        // nameをセット
        editName.setText(name);
        // valueをセット
        editValue.setText(value);
    }
```

(3) 詳細画面からの画面遷移処理を追加する

　DetailActivity を修正し、更新ボタンクリック時に更新画面に遷移する処理を追加します。遷移するときに、選択アイテムの _id、name、value の値を Intent に格納します。

```java
public void onClickEditButton(View v) {
    Bundle extras = getIntent().getExtras();
    long id = extras.getLong("id");

    TextView textName = (TextView) findViewById(R.id.text_name);
    TextView textValue = (TextView) findViewById(R.id.text_value);
    Intent intent = new Intent(this, UpdateActivity.class);
    intent.putExtra("id", id);
    intent.putExtra("name", textName.getText().toString());
```

```
        intent.putExtra("value", textValue.getText().toString());
        startActivity(intent);
}
```

(4) データベース更新処理を追加する

更新ボタンクリック時に、EditText に入力された値をデータベースに登録する処理を追加します。

```
public void onClickUpdateButton(View v) {
    String name = editName.getText().toString();
    String value = editValue.getText().toString();

    if (!TextUtils.isEmpty(name) && !TextUtils.isEmpty(value) ){
        SampleSQLiteOpenHelper databaseOpenHelper = new SampleSQLiteOpenHelper(
                this);
        SQLiteDatabase database = databaseOpenHelper.getWritableDatabase();

        // updateデータの設定
        ContentValues values = new ContentValues();
        values.put("name", name);
        values.put("value", value);

        // データを更新する
        long result = database.update(SampleSQLiteOpenHelper.SAMPLE_TABLE,
                values, "_id=" + id, null);

        databaseOpenHelper.close();
        if (result != -1) {
            Toast.makeText(this, R.string.update_complete,
                Toast.LENGTH_LONG).show();
            finish();
        }
    }
}
```

これで完了です。アプリケーションを実行し、データが更新されていることを確認してください。

9.9 データの削除

データベースのデータを削除するには、SQLiteDatabase の delete メソッドを使用します。データの削除に失敗した場合は -1、削除できた場合はレコード数が戻り値として返却されます。

```
public int delete(String table, String whereClause, String[] whereArgs)
```

引数には削除したいレコード情報を指定します。戻り値は削除件数です。削除に失敗した場合は -1 が戻り値として返却されます。

delete メソッドのパラメータは次のようになります。

String table	テーブル名
String whereClause	WHERE 句相当の条件式
String[] whereArgs	第 3 引数に「?」が含まれる場合に置き変わる値を保持した String 配列

リスト9.25●deleteの例

```
SampleSQLiteOpenHelper databaseOpenHelper = new SampleSQLiteOpenHelper(this);
SQLiteDatabase database = databaseOpenHelper.getWritableDatabase();

// データを削除する
long result = database.delete(SampleSQLiteOpenHelper.SAMPLE_TABLE, "_id=" + id,
        null);
// データベースから切断する
databaseOpenHelper.close();
if (result != -1) {
    Toast.makeText(this, "削除完了", Toast.LENGTH_LONG).show();
    finish();
}
```

9.9.1 [実習] データの削除

9.8.1節の実習で作成したプログラムを修正し、データの削除機能を追加します（解答は付録を参照）。

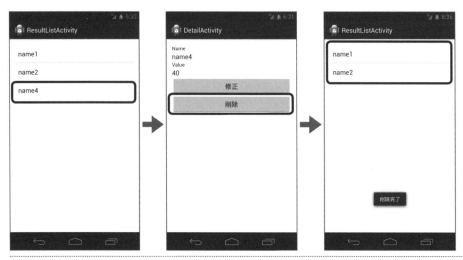

図9.12●動作の概要

おおまかな手順は次のとおりです。

1. リソースファイルを修正する。
2. DetailActivity を修正する。

(1) リソースファイルを修正する

strings.xml に次の文字列リソースを追加します。

```
<string name="delete_complete">削除完了</string>
```

また、詳細画面のレイアウトを次のように設定します。

リスト9.26●activity_main.xml

```
<LinearLayout xmlns:android="http://schemas.android.com/apk/res/android"
    :
```

```xml
    >
    <TextView ... />
    <TextView ... />
    <TextView ... />
    <TextView ... />
    <Button ... />

    <Button
        android:id="@+id/button_delete"
        android:layout_width="match_parent"
        android:layout_height="wrap_content"
        android:onClick="onClickDeleteButton"
        android:text="@string/delete" >
    </Button>

</LinearLayout>
```

(2) DetailActivity を修正する

DetailActivity を修正し、削除ボタンクリック時に選択アイテムの削除処理を追加します。

```java
public void onClickDeleteButton(View v) {
    long id = getIntent().getLongExtra("id", -1);

    SampleSQLiteOpenHelper databaseOpenHelper = new SampleSQLiteOpenHelper(this);
    SQLiteDatabase database = databaseOpenHelper.getWritableDatabase();

    // データを削除する
    long result = database.delete(SampleSQLiteOpenHelper.SAMPLE_TABLE, "_id=" + id, null);
    // データベースから切断する
    databaseOpenHelper.close();
    if (result != -1) {
        Toast.makeText(this, R.string.delete_complete, Toast.LENGTH_LONG).show();
        finish();
    }
}
```

これで完了です。アプリケーションを実行し、データが削除されていることを確認してください。

第 10 章

アプリケーションの公開

一般のユーザーは、使いたいアプリケーションをアプリストアを通じてインストールします。そのため、アプリケーション開発者がアプリケーションを一般のユーザーに使ってもらうためには、アプリストアを通じてそれを公開することになります。本章では、そのために必要な手続きについて説明します。

開発者がアプリケーションを開発してから一般のユーザーの手元に届くまでの一連の流れを、図10.1に示します。

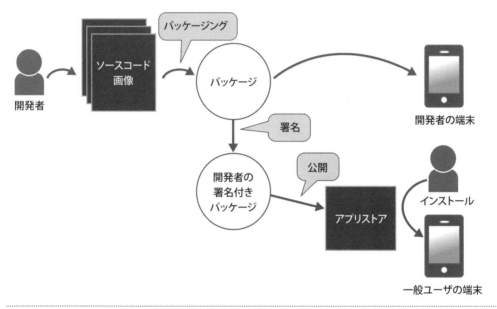

図10.1●アプリケーションの流通

順を追って、やり方を学んでいきましょう。

10.1 公開前の準備

公開前には、次の手順で準備作業を行う必要があります。

1. パッケージング
   - 鍵の作成（初回のみ）
   - 署名
2. Google 開発者登録

パッケージングは、開発者とユーザーを守るために非常に重要な工程です。ディベロッパーコンソールのパスワードが悪質な開発者に漏れてしまった場合でも、署名が異なる場合、すでに公開しているアプリをアップロードすることはできません。

これにより、アプリをインストールしている（場合によっては数万人の）ユーザーの情報を盗むような機能を盛り込むのを防ぐことが可能です。

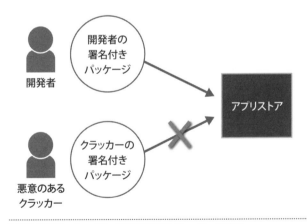

図10.2●パッケージングは開発者とユーザーを守る

ただし、鍵をなくしてしまうと、正しい開発者であってもアップデートを行うことはできません。サーバーやCD-ROM、USB メモリなどにきちんと保管しておきましょう。パソコンを買い換える場合などは特に紛失してしまわないよう注意してください。

10.1.1 鍵の作成から署名付きアプリの作成まで

鍵の作成から署名付きのアプリの作成は、Eclipseを通して一連の作業として行えます。

Package Explorer でプロジェクトの右クリックメニューから、[Android Tools] → [Export Signed Application Package...] を選択してください。

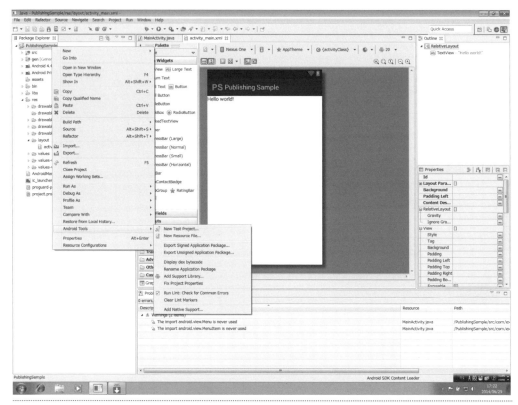

図10.3● プロジェクトの右クリックメニューから [Android Tools] → [Export Signed Application Package...] を選択

この後、ダイアログに従って以下の操作を行っていきます。

1. プロジェクトを選択する。
2. Key Store を作成する。
3. 鍵を作成する。

4. 署名付きアプリケーションを生成する。

(1) 署名付きのアプリケーションを生成するプロジェクトを選択する

まずは署名付きのアプリケーションを生成するプロジェクトの確認を行います。

Package Explorerから本ダイアログを起動した場合は、「Project:」の欄に生成するプロジェクトが選択されているはずです。

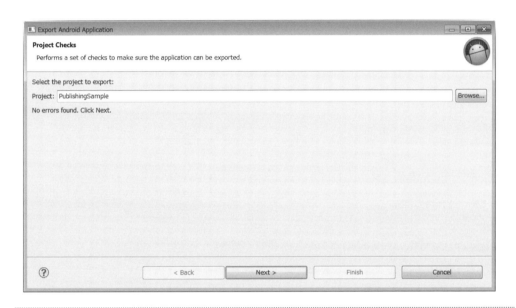

図10.4●プロジェクトの選択

間違ったプロジェクトを選択してしまった場合、[Browse...]をクリックしてプロジェクトを選択しなおしてください。問題なければ[Next]ボタンをクリックして次へ進んでください。

(2) keystoreの作成

まずは、鍵を管理するkeystoreを作成します。「Create new keystore」を選択してください。

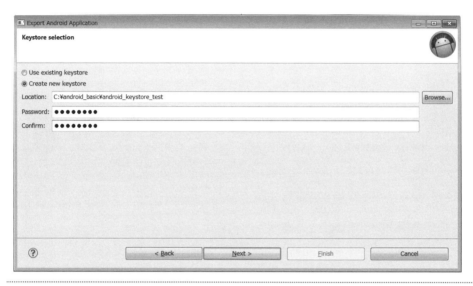

図10.5●keystoreの作成

「Location:」の欄にkeystoreのパスを入力してください。また、keystoreもパスワードを掛けて管理します。「Password:」と「Confirm:」の欄にパスワードを入力してください。

問題なければ［Next］ボタンをクリックして次へ進んでください。

(3) 鍵の作成

Keystoreを作成したら、次は鍵を作成します。鍵はアプリの署名を行うのに利用します。鍵はアプリ単位で作成するのが望ましいです。同一にするのは、通信したいアプリケーション同士などに絞ることにより、セキュリティを最大限高めるようにしましょう。

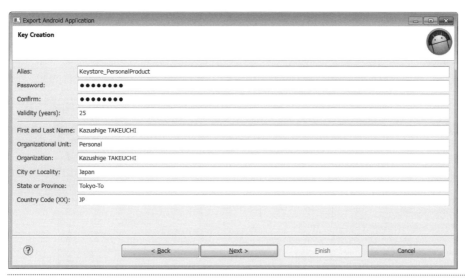

図10.6●鍵の作成

問題なければ［Next］ボタンをクリックして次へ進んでください。

> **NOTE**
>
> **署名とセキュリティ**
> 同じ鍵を使って署名したアプリケーション間で通信を許可する方法が用意されています。アプリケーションの署名は公開後には変更できないので、セキュリティを考慮した上で公開を行うように注意してください。
> 詳細は、AndroidManifest の使い方を参照してください。
>
> http://developer.android.com/guide/topics/manifest/permission-element.html

> **NOTE**
>
> **debug 用の鍵とその有効期限**
> debug 用の鍵はパスワードなしで作成されます。そのため、開発中のアプリはパスワード入力を省略してスムーズにインストール、デバッグができます。
> しかし、debug 用の鍵には 1 年間の有効期限が設定されており、デバッグの際にインストールできなくなっていることがあります。その場合は鍵を削除して Eclipse を再起動してください。
> デバッグ用の鍵は以下のディレクトリに配置されています。
>
> C:¥Users¥¥< ユーザー名 >¥¥.android¥¥debug.keystore
>
> エミュレーターなどにインストールしたアプリは署名が変更になるため再インストールが必要です。

10.1.2 署名

最後に、署名されたapk（Application PacKage）ファイルを作成します。出力先のディレクトリとファイル名を選択してください。

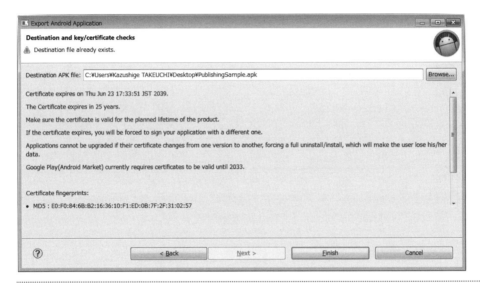

図10.7●署名されたapkファイルの作成

これで署名付きのapkの作成の完了です。

10.2 開発者登録

開発者の登録には以下のいずれかが必要になります。

- クレジットカード
- デビットカード（郵便局のカードは J-Dabit という別規格のため非対応）

> **NOTE　クレジットカードを持っていない場合**
> クレジットカードを持っていない場合、V プリカなどのサービスを利用すれば開発者登録が可能になります。
>
> http://vpc.lifecard.co.jp/

開発者登録は、Google Play Developer Console から行います。

https://play.google.com/apps/publish/

ウィザードに従って以下のステップで登録を行います。

1. Google アカウントのサインインを行う。
2. デベロッパー契約に同意する。
3. 登録料を支払う。
4. アカウントの詳細を入力する。

(1) Google アカウントのサインインを行う

まずは、Google のアカウントのサインインを行います。サインインしているアカウントに開発者情報が紐付けられるため、企業のアカウントなどを持っている場合はそちらでサインインを行ってください。

図 10.8 のような画面が表示されるため、メールアドレスとパスワードの入力を行ってください。

図10.8●サインイン画面

　この画面が表示されない場合はすでにサインイン済みの状態なので、その場合は（2）に進んでください。

(2) デベロッパー契約に同意する

　「Google Play デベロッパー販売／配布契約書」を読み、問題がなければ［支払いに進む］ボタンをクリックして先に進んでください。

図10.9●デベロッパー契約に同意

(3) 登録料を支払う

ここでは、デベロッパー登録に必要な費用の支払いを行います。

NOTE　支払いは「Google Wallet」というサービスを通じて行われます。ここで登録した内容は Google Wallet というサービスによって管理されます。

　　　　　https://wallet.google.com

ここでは、クレジットカードまたはデビットカードの番号を入力してください。入力が完了したら［同意して続行］ボタンをクリックします。

図10.10●Googleウォレットの設定

料金の確認画面です。USD（アメリカドル）建ての決済になるため、支払い時期によってJPY（日本円）での請求額は異なってきます。請求額に誤りがないか、後日請求書をみて確認しましょう。

問題なければ［購入］ボタンを押して先に進んでください。

第10章 アプリケーションの公開

図10.11●登録料の支払

これで登録料の支払いは完了です。

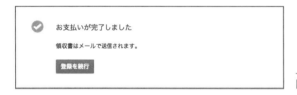

図10.12●登録料の支払完了

(4) アカウントの詳細を入力する

最後にアカウントの詳細情報を入力し、最低限の開発者登録の作業は完了です。必須項目を埋めて完了してください。

 日本の国際番号は＋81です。電話番号が「090********」の場合は、+81-90*-***-**** と入力してください。

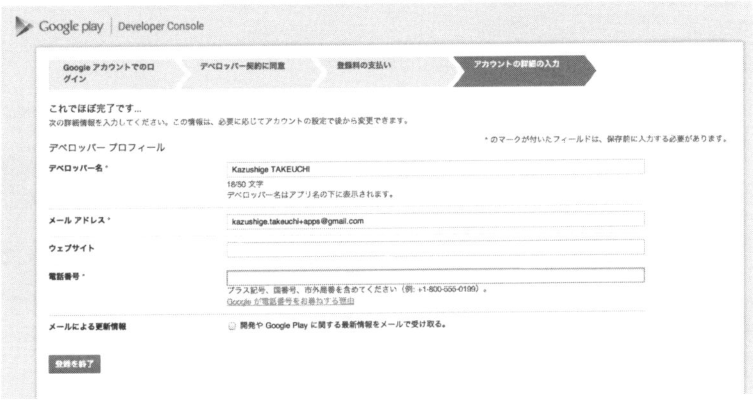

10.2 開発者登録

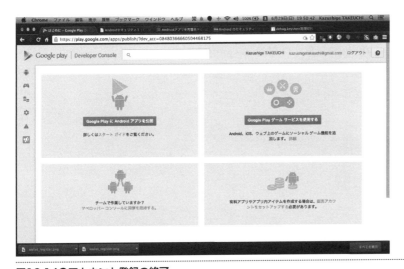

図10.13●アカウントの詳細の入力

入力が終わったら［登録を終了］ボタンを押してください。以下の画面が表示されれば、登録は完了です。

図10.14●アカウント登録の終了

10.3 アプリ登録

さて、ようやく全ての準備が整いました。ここでは、Googleが提供している「Play Store」でアプリケーションを公開していきましょう。

引き続きGoogle Play Developer Consoleを利用していきます。ここでは次の3つのステップを行う必要があります。

1. apkファイルの登録
   9.1節で作成した署名付きapkファイルの登録、ターゲットとなる端末の登録も可能。

2. ストアの掲載情報
   ユーザーにアプローチするための情報の登録、紹介文、カテゴリや連絡先情報が掲載可能。

3. 価格と販売／配布地域
   販売する地域の選択が可能や無料／有料の選択が可能。

［Google PlayにAndroidアプリを公開］ボタンをクリックして進めていきます。

図10.15● ［Google PlayにAndroidアプリを公開］ボタン

まずは、言語の選択とアプリケーションの名前（後で修正可能）を入力します。

10.3 アプリ登録

図10.16●言語の選択とアプリケーションの名前の入力

入力が終わったら［APK をアップロード］ボタンをクリックしてください。

10.3.1 apk ファイルの登録

apk の公開は以下の区分で行えます。

アルファ版、またはベータ版　　特定のユーザーがダウンロード可能
製品版　　　　　　　　　　　　一般のユーザーがダウンロード可能

まずは、アルファ版から利用し始めましょう。アルファ版からベータ版へ、またはアルファ版から製品版へとデータを移行することも可能です。

次に、署名の際に出力した apk ファイルを Google Developer Console に登録します。

図10.17●apk ファイルの登録

アルファ版やベータ版は、Google Group ／ Google Plus に登録したメンバーへ配布することが可能です。それぞれメーリングリストやチャットなどの機能があるため、それらを活用してチームとして、あるいはベータバージョンを利用したいユーザーと一緒にアプリケーションを作り上げていきましょう。

［テスターのリストを管理］ボタンをクリックすると図 10.18 に示す画面が表示されるので、Groups のメールアドレス（***@googlegroups.com）か、Plus のコミュニティ（https://plus.google.com/communities/***）を設定します。

図10.18●特定メンバーへの配布

> **NOTE**
> Google Group　https://groups.google.com/
> Google Plus　　https://plus.google.com/

10.3.2　ストアの掲載情報の登録

ストア掲載情報の登録では、以下の情報を登録します。

タイトル	本節の最初で入力したアプリケーション名の修正が可能です。
説明	アプリケーションの全般的な説明を入力してください。
プロモーションテキスト	アピールポイントや、新しいバージョンの特徴、最新のキャンペーン情報などを掲載します。

10.3 アプリ登録

画像アセット　　　　　　画像アセットでは、スクリーンショットや宣伝用の画像、動画などを指定します。

スクリーンショットの取り方

　画像アセットは、スクリーンショットや宣伝画像などを掲載します。スクリーンショットはDDMSを通じて行います。Devicesタブの［Screen Capture］ボタンをクリックすると「Device Screen Capture」という画面が表示されます。そこで［Save］ボタンをクリックすると、「Captured Image:」に表示された画像が保存されます。

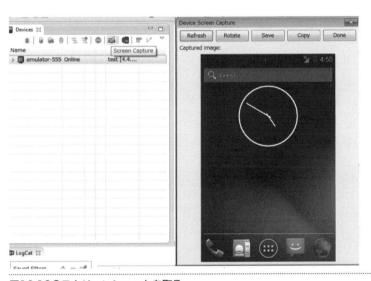

図10.19●スクリーンショットを取る

　最新の画面を保存したい場合、［Refresh］ボタンを押すと最新の画面が取り込まれます。ハンドセット・タブレットなどの各サイズでスクリーンキャプチャーを取得してください。

図10.20●高解像度アイコン

図10.21●宣伝用画像

10.3.3 価格と販売 / 配布地域の登録

ここでは、アプリの価格（無料／有料）、販売する地域や携帯電話キャリアの絞り込みが行えます。

有料アプリに関しては、ここでは詳しくは解説しませんが、別途 Google Wallet の販売アカウントのセットアップが必要です。

図10.22●アプリの価格の設定

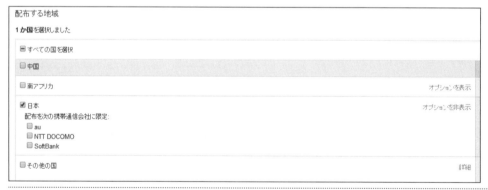

図10.23●配布する地域とキャリアの設定

> **NOTE** オプションを指定して携帯電話キャリアの絞りこみが行えます。

ここまで来たらもう一歩です。これまでに設定した内容がコンテンツガイドラインに従っているか再度確認してから、同意してください。

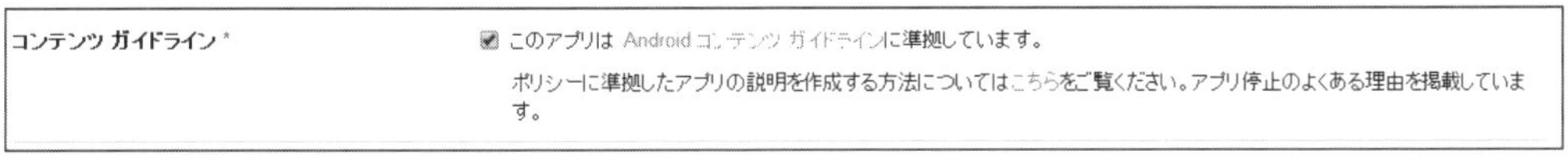

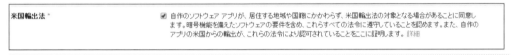

図10.24●コンテンツガイドライン

最後に、米国輸出法の対象となる可能性があることに同意しておきましょう。注記にあるように、主に暗号化技術が対象となっています。

図10.25●米国輸出法

10.3.4　アプリケーション（アルファ版）のダウンロード

さて、これで特定のユーザーに対してアプリケーションが公開されているはずです。再度「APK」の画面（apkファイルの登録にて使った画面）に戻り、公開の状態を確認しておきましょう。

図10.26●公開の状態の確認

右上の［ドラフト］だったボタンが［公開中］に変わっているはずです。自分の端末でダウンロードが可能になっているはずなので、ダウンロードしてみましょう。

端末から見た場合、以下のように表示されています。

図10.27●ポートレート（縦）表示

10.4　一般公開

　ここまでくればあと一歩です。アルファ／ベータ版で登録したアプリケーションを製品版として一般公開してみましょう。

10.4.1　製品版への移行

　製品版への移行はAPKのタブから行います。プロモートボタンをクリックして「製品版へプロモート」を選択してください。

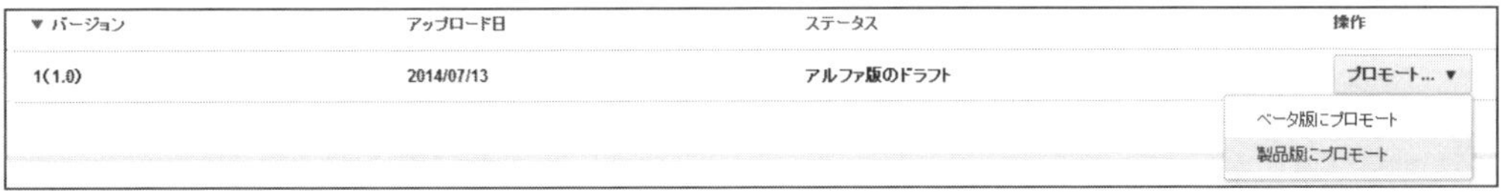

図10.28●製品版への移行

公開するバージョンの新機能を入力して［移動して保存］をクリックしてください。

図10.29●［移動して保存］をクリックする

先ほどまで「アルファ版テスト」タブに登録されていたAPKファイルが、「製品版」タブに移動しています。これにて製品版への移行は完了です。

10.4.2　さらに良い製品を提供するために

アプリケーションの公開が終わっても、それがゴールではありません。まだ実装していない機能や、ユーザーの評価／要望が上がってくるでしょう。戦略的にアプリケーションやサービスを開発していく必要があります。

ここでは、さらに良いアプリケーションを開発するために必要な機能を学んでいきましょう。

統計情報

アップロードが完了したら、統計情報のタブが追加されているはずです。統計情報では以下の情報を見ることが可能です。

- 現在のインストール数（端末数）
- １日のインストール数（端末数）
- １日のアンインストール数（端末数）
- １日のアップグレード数（端末数）
- 現在のインストール数（ユーザー数）
- 総インストール数（ユーザー数）
- １日のインストール数（ユーザー数）
- １日のアンインストール数（ユーザー数）
- 昨日の平均評価
- 累計平均評価
- １日のクラッシュ数
- １日の ANR 数

図10.30●現在のインストール数（端末数）の表示例

それぞれの項目によって表示される内容は異なりますが、おおむね次の分類で分析が可能になっています。

- Android のバージョン
- 端末
- 国
- 言語
- アプリのバージョン

- 携帯通信会社

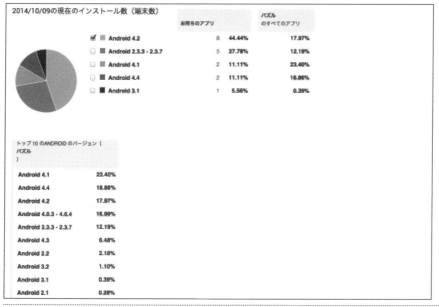

図10.31●Androidのバージョンごとのインストール数の例

評価とレビュー

　評価とレビュータブでは、ユーザーからのフィードバックを得ることや、コメントに返信することができます。ユーザーからの評価が高ければ検索結果などで上位になり、さらにアプリケーションがダウンロードされることにつながります。

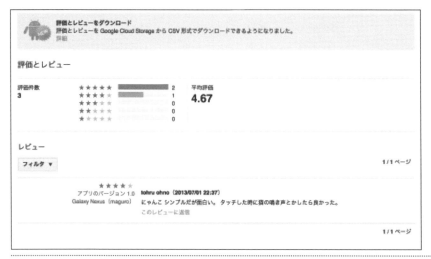

図10.32●評価とレビュー

クラッシュとANR

Play Storeを通じて公開されたアプリケーションがクラッシュしたり、ANR（Application Not Respoinding）を発生させた場合、クラッシュとANRに通知されることになります。

ANRとは、ウォッチドッグタイマーという機構によりアプリのUIスレッドが動作しているか定期的に確認し、動作していない場合、アプリケーションを終了するか確認する仕組みを指します。

クラッシュとANRのいずれにしても、ユーザーがアプリケーションを利用できない事象が発生しているので、発生した原因に関係する情報をDeveloper Consoleで参照し、問題を分析して対策を講じましょう。

バージョンアップ

バージョンアップを行うには、AndroidManifest.xmlの中にあるバージョンの値を大きくしてやる必要があります。

android:versionCode	整数
android:versionName	文字列

上記を更新しないと、Marketから弾かれてしまいます。また、端末側は上記の値を見て、ア

プリのバージョンアップが必要か通知してくれます。

10.4.3　最後に／応用編に向けて

　ここまで、アプリケーションの作成方法と公開方法を学んできました。Web と連携するアプリケーションであれば、本書の内容を押さえていれば作れるようになっているはずです。

　しかしながら、本書で取り扱った内容はまだ最初の一歩にしか過ぎません。現時点（2014/07/07）で 6000 種類以上ある端末全てに対応するアプリを作るのは非常に困難ですし、今後 Android がどんどん進歩していくことに追従しなければいけません。

　本書で紹介した内容は、Android が公開されてから変わらない最初の一歩です。一つのシステムを作り上げ、維持するのは非常に困難ですが、その一助になれば幸いです。

付録

演習問題解答

第5章「ユーザーインターフェース (1)」

■ 5.2.6 節「Button の作成」

MainActivity.java

```java
package com.example.buttonsample;

import android.app.Activity;
import android.os.Bundle;
import android.view.Menu;
import android.view.MenuItem;
import android.view.View;
import android.view.View.OnClickListener;
import android.widget.Button;

public class MainActivity extends Activity implements OnClickListener {

    private Button button;

    @Override
    protected void onCreate(Bundle savedInstanceState) {
        super.onCreate(savedInstanceState);
        setContentView(R.layout.activity_main);

        button = (Button) findViewById(R.id.button1);
        button.setOnClickListener(this);
    }

    @Override
    public boolean onCreateOptionsMenu(Menu menu) {
        // Inflate the menu; this adds items to the action bar if it is present.
        getMenuInflater().inflate(R.menu.main, menu);
        return true;
    }

    @Override
    public boolean onOptionsItemSelected(MenuItem item) {
        // Handle action bar item clicks here. The action bar will
        // automatically handle clicks on the Home/Up button, so long
        // as you specify a parent activity in AndroidManifest.xml.
        int id = item.getItemId();
        if (id == R.id.action_settings) {
            return true;
        }
        return super.onOptionsItemSelected(item);
    }

    @Override
```

```java
    public void onClick(View v) {
        button.setText("clicked!");
    }
}
```

activity_main.xml

```xml
<RelativeLayout xmlns:android="http://schemas.android.com/apk/res/android"
    xmlns:tools="http://schemas.android.com/tools"
    android:layout_width="match_parent"
    android:layout_height="match_parent"
    android:paddingBottom="@dimen/activity_vertical_margin"
    android:paddingLeft="@dimen/activity_horizontal_margin"
    android:paddingRight="@dimen/activity_horizontal_margin"
    android:paddingTop="@dimen/activity_vertical_margin"
    tools:context="com.example.buttonsample.MainActivity" >

    <Button
        android:id="@+id/button1"
        android:layout_width="match_parent"
        android:layout_height="wrap_content"
        android:layout_alignParentLeft="true"
        android:layout_alignParentTop="true"
        android:text="Button" />

</RelativeLayout>
```

■ 5.7節「まとめ課題」

MainActivity.java

```java
package com.example.userinterface_matome;

import android.app.Activity;
import android.app.AlertDialog;
import android.content.DialogInterface;
import android.content.DialogInterface.OnClickListener;
import android.os.Bundle;
import android.view.Menu;
import android.view.MenuItem;
import android.widget.Toast;

public class MainActivity extends Activity {

    @Override
    protected void onCreate(Bundle savedInstanceState) {
        super.onCreate(savedInstanceState);
        setContentView(R.layout.activity_main);
```

```java
    }

    @Override
    public boolean onCreateOptionsMenu(Menu menu) {
        // Inflate the menu; this adds items to the action bar if it is present.
        getMenuInflater().inflate(R.menu.main, menu);
        return true;
    }

    @Override
    public boolean onOptionsItemSelected(MenuItem item) {
        // Handle action bar item clicks here. The action bar will
        // automatically handle clicks on the Home/Up button, so long
        // as you specify a parent activity in AndroidManifest.xml.
        int id = item.getItemId();
        if (id == R.id.action_settings) {
            AlertDialog.Builder builder = new AlertDialog.Builder(this);

            // アイコン
            builder.setIcon(R.drawable.ic_launcher);

            // タイトル
            builder.setTitle("Title");

            // メッセージ
            builder.setMessage("Message");

            // クリックイベントの設定
            builder.setPositiveButton("OK", new OnClickListener() {
                    @Override
                    public void onClick(DialogInterface dialog, int which) {
                            Toast.makeText(MainActivity.this, android.R.string.ok,
                                    Toast.LENGTH_LONG).show();
                    }
            });
            builder.setNegativeButton("Cancel", new OnClickListener() {

                @Override
                public void onClick(DialogInterface dialog, int which) {
                    Toast.makeText(MainActivity.this, android.R.string.cancel,
                            Toast.LENGTH_LONG).show();
                }
            });

            // AlertDialogを表示します。
            builder.show();
            return true;
        }
        return super.onOptionsItemSelected(item);
    }
}
```

第 5 章「ユーザーインターフェース (1)」

activity_main.xml

```xml
<RelativeLayout xmlns:android="http://schemas.android.com/apk/res/android"
    xmlns:tools="http://schemas.android.com/tools"
    android:layout_width="match_parent"
    android:layout_height="match_parent"
    android:paddingBottom="@dimen/activity_vertical_margin"
    android:paddingLeft="@dimen/activity_horizontal_margin"
    android:paddingRight="@dimen/activity_horizontal_margin"
    android:paddingTop="@dimen/activity_vertical_margin"
    tools:context="com.example.userinterface_matome.MainActivity" >

    <TextView
        android:layout_width="wrap_content"
        android:layout_height="wrap_content"
        android:text="@string/hello_world" />

</RelativeLayout>
```

strings.xml

```xml
<?xml version="1.0" encoding="utf-8"?>
<resources>

    <string name="app_name">UserInterface_matome</string>
    <string name="hello_world">Hello world!</string>
    <string name="action_alert">Alert</string>

</resources>
```

main.xml

```xml
<menu xmlns:android="http://schemas.android.com/apk/res/android"
    xmlns:tools="http://schemas.android.com/tools"
    tools:context="com.example.userinterface_matome.MainActivity" >

    <item
        android:id="@+id/action_settings"
        android:orderInCategory="100"
        android:showAsAction="never"
        android:title="@string/action_alert"/>

</menu>
```

第6章「画面遷移」

■ 6.1.3 節「画面遷移（1）」

MainActivity.java

```java
package com.example.activitysample;

import android.app.Activity;
import android.content.Intent;
import android.os.Bundle;
import android.view.Menu;
import android.view.MenuItem;
import android.view.View;

public class MainActivity extends Activity {

    @Override
    protected void onCreate(Bundle savedInstanceState) {
        super.onCreate(savedInstanceState);
        setContentView(R.layout.activity_main);
    }

    @Override
    public boolean onCreateOptionsMenu(Menu menu) {
        // Inflate the menu; this adds items to the action bar if it is present.
        getMenuInflater().inflate(R.menu.main, menu);
        return true;
    }

    @Override
    public boolean onOptionsItemSelected(MenuItem item) {
        // Handle action bar item clicks here. The action bar will
        // automatically handle clicks on the Home/Up button, so long
        // as you specify a parent activity in AndroidManifest.xml.
        int id = item.getItemId();
        if (id == R.id.action_settings) {
            return true;
        }
        return super.onOptionsItemSelected(item);
    }

    public void onClickNextButton(View v){
        Intent intent = new Intent(this, NextActivity.class);
        startActivity(intent);
    }
}
```

NextActivity.java

```java
package com.example.activitysample;

import android.app.Activity;
import android.os.Bundle;
import android.view.Menu;
import android.view.MenuItem;

public class NextActivity extends Activity {

    @Override
    protected void onCreate(Bundle savedInstanceState) {
        super.onCreate(savedInstanceState);
        setContentView(R.layout.activity_next);
    }

    @Override
    public boolean onCreateOptionsMenu(Menu menu) {
        // Inflate the menu; this adds items to the action bar if it is present.
        getMenuInflater().inflate(R.menu.next, menu);
        return true;
    }

    @Override
    public boolean onOptionsItemSelected(MenuItem item) {
        // Handle action bar item clicks here. The action bar will
        // automatically handle clicks on the Home/Up button, so long
        // as you specify a parent activity in AndroidManifest.xml.
        int id = item.getItemId();
        if (id == R.id.action_settings) {
            return true;
        }
        return super.onOptionsItemSelected(item);
    }
}
```

activity_main.xml

```xml
<LinearLayout xmlns:android="http://schemas.android.com/apk/res/android"
    xmlns:tools="http://schemas.android.com/tools"
    android:id="@+id/LinearLayout1"
    android:layout_width="match_parent"
    android:layout_height="match_parent"
    android:orientation="vertical"
    android:paddingBottom="@dimen/activity_vertical_margin"
    android:paddingLeft="@dimen/activity_horizontal_margin"
    android:paddingRight="@dimen/activity_horizontal_margin"
    android:paddingTop="@dimen/activity_vertical_margin"
    tools:context="com.example.activitysample.MainActivity" >
```

```xml
    <Button
        android:id="@+id/button1"
        android:layout_width="match_parent"
        android:layout_height="wrap_content"
        android:onClick="onClickNextButton"
        android:text="@string/next" />

</LinearLayout>
```

activity_next.xml

```xml
<LinearLayout xmlns:android="http://schemas.android.com/apk/res/android"
    xmlns:tools="http://schemas.android.com/tools"
    android:id="@+id/LinearLayout1"
    android:layout_width="match_parent"
    android:layout_height="match_parent"
    android:orientation="vertical"
    android:paddingBottom="@dimen/activity_vertical_margin"
    android:paddingLeft="@dimen/activity_horizontal_margin"
    android:paddingRight="@dimen/activity_horizontal_margin"
    android:paddingTop="@dimen/activity_vertical_margin"
    tools:context="com.example.activitysample.NextActivity" >

    <TextView
        android:id="@+id/text_message"
        android:layout_width="wrap_content"
        android:layout_height="wrap_content"
        android:text="@string/title_activity_next" />

</LinearLayout>
```

strings.xml

```xml
<?xml version="1.0" encoding="utf-8"?>
<resources>

    <string name="app_name">ActivitySample</string>
    <string name="hello_world">Hello world!</string>
    <string name="action_settings">Settings</string>
    <string name="title_activity_next">NextActivity</string>
    <string name="next">Next</string>

</resources>
```

AndroidManifest.xml

```xml
<?xml version="1.0" encoding="utf-8"?>
<manifest xmlns:android="http://schemas.android.com/apk/res/android"
    package="com.example.activitysample"
    android:versionCode="1"
    android:versionName="1.0" >

    <uses-sdk
        android:minSdkVersion="16"
        android:targetSdkVersion="19" />

    <application
        android:allowBackup="true"
        android:icon="@drawable/ic_launcher"
        android:label="@string/app_name"
        android:theme="@style/AppTheme" >
        <activity
            android:name=".MainActivity"
            android:label="@string/app_name" >
            <intent-filter>
                <action android:name="android.intent.action.MAIN" />

                <category android:name="android.intent.category.LAUNCHER" />
            </intent-filter>
        </activity>
        <activity
            android:name=".NextActivity"
            android:label="@string/title_activity_next" >
        </activity>
    </application>

</manifest>
```

■ 6.2.2 節「画面遷移（2）」

NextActivity.java

```java
package com.example.activitysample;

import android.app.Activity;
import android.os.Bundle;
import android.view.Menu;
import android.view.MenuItem;
import android.view.View;

public class NextActivity extends Activity {

    @Override
```

```java
    protected void onCreate(Bundle savedInstanceState) {
        super.onCreate(savedInstanceState);
        setContentView(R.layout.activity_next);
    }

    @Override
    public boolean onCreateOptionsMenu(Menu menu) {
        // Inflate the menu; this adds items to the action bar if it is present.
        getMenuInflater().inflate(R.menu.next, menu);
        return true;
    }

    @Override
    public boolean onOptionsItemSelected(MenuItem item) {
        // Handle action bar item clicks here. The action bar will
        // automatically handle clicks on the Home/Up button, so long
        // as you specify a parent activity in AndroidManifest.xml.
        int id = item.getItemId();
        if (id == R.id.action_settings) {
            return true;
        }
        return super.onOptionsItemSelected(item);
    }

    public void onClickFinishButton(View v){
        finish();
    }
}
```

activity_next.xml

```xml
<LinearLayout xmlns:android="http://schemas.android.com/apk/res/android"
    xmlns:tools="http://schemas.android.com/tools"
    android:id="@+id/LinearLayout1"
    android:layout_width="match_parent"
    android:layout_height="match_parent"
    android:orientation="vertical"
    android:paddingBottom="@dimen/activity_vertical_margin"
    android:paddingLeft="@dimen/activity_horizontal_margin"
    android:paddingRight="@dimen/activity_horizontal_margin"
    android:paddingTop="@dimen/activity_vertical_margin"
    tools:context="com.example.activitysample.NextActivity" >

    <TextView
        android:id="@+id/text_message"
        android:layout_width="wrap_content"
        android:layout_height="wrap_content"
        android:text="@string/title_activity_next" />

    <Button
        android:id="@+id/button1"
```

```
            android:layout_width="match_parent"
            android:layout_height="wrap_content"
            android:onClick="onClickFinishButton"
            android:text="@string/finish" />

</LinearLayout>
```

strings.xml

```
<?xml version="1.0" encoding="utf-8"?>
<resources>

    <string name="app_name">ActivitySample</string>
    <string name="hello_world">Hello world!</string>
    <string name="action_settings">Settings</string>
    <string name="title_activity_next">NextActivity</string>
    <string name="next">Next</string>
    <string name="finish">Finish</string>

</resources>
```

■ 6.3.2 節「画面遷移（3）」

MainActivity.java

```
package com.example.activitysample;

import android.app.Activity;
import android.content.Intent;
import android.os.Bundle;
import android.view.Menu;
import android.view.MenuItem;
import android.view.View;
import android.widget.EditText;

public class MainActivity extends Activity {

    @Override
    protected void onCreate(Bundle savedInstanceState) {
        super.onCreate(savedInstanceState);
        setContentView(R.layout.activity_main);
    }

    @Override
    public boolean onCreateOptionsMenu(Menu menu) {
        // Inflate the menu; this adds items to the action bar if it is present.
        getMenuInflater().inflate(R.menu.main, menu);
        return true;
```

```
    }

    @Override
    public boolean onOptionsItemSelected(MenuItem item) {
        // Handle action bar item clicks here. The action bar will
        // automatically handle clicks on the Home/Up button, so long
        // as you specify a parent activity in AndroidManifest.xml.
        int id = item.getItemId();
        if (id == R.id.action_settings) {
            return true;
        }
        return super.onOptionsItemSelected(item);
    }

    public void onClickNextButton(View v) {
        EditText editText = (EditText) findViewById(R.id.edit_message);
        Intent intent = new Intent(this, NextActivity.class);
        intent.putExtra("message", editText.getText().toString());
        startActivity(intent);
    }
}
```

NextActivity.java

```
package com.example.activitysample;

import android.app.Activity;
import android.content.Intent;
import android.os.Bundle;
import android.view.Menu;
import android.view.MenuItem;
import android.view.View;
import android.widget.TextView;

public class NextActivity extends Activity {

    @Override
    protected void onCreate(Bundle savedInstanceState) {
        super.onCreate(savedInstanceState);
        setContentView(R.layout.activity_next);

        Intent intent = getIntent();
        String message = intent.getStringExtra("message");
        TextView textView = (TextView) findViewById(R.id.text_message);
        textView.setText(message);
    }

    @Override
    public boolean onCreateOptionsMenu(Menu menu) {
        // Inflate the menu; this adds items to the action bar if it is present.
        getMenuInflater().inflate(R.menu.next, menu);
```

```
            return true;
        }

        @Override
        public boolean onOptionsItemSelected(MenuItem item) {
            // Handle action bar item clicks here. The action bar will
            // automatically handle clicks on the Home/Up button, so long
            // as you specify a parent activity in AndroidManifest.xml.
            int id = item.getItemId();
            if (id == R.id.action_settings) {
                return true;
            }
            return super.onOptionsItemSelected(item);
        }

        public void onClickFinishButton(View v) {
            finish();
        }
    }
```

activity_main.xml

```xml
<LinearLayout xmlns:android="http://schemas.android.com/apk/res/android"
    xmlns:tools="http://schemas.android.com/tools"
    android:id="@+id/LinearLayout1"
    android:layout_width="match_parent"
    android:layout_height="match_parent"
    android:orientation="vertical"
    android:paddingBottom="@dimen/activity_vertical_margin"
    android:paddingLeft="@dimen/activity_horizontal_margin"
    android:paddingRight="@dimen/activity_horizontal_margin"
    android:paddingTop="@dimen/activity_vertical_margin"
    tools:context="com.example.activitysample.MainActivity" >

    <EditText
        android:id="@+id/edit_message"
        android:layout_width="match_parent"
        android:layout_height="wrap_content"
        android:ems="10" >

        <requestFocus />
    </EditText>

    <Button
        android:id="@+id/button1"
        android:layout_width="match_parent"
        android:layout_height="wrap_content"
        android:onClick="onClickNextButton"
        android:text="@string/next" />

</LinearLayout>
```

■ 6.4.2 節「画面遷移（4）」

MainActivity.java

```java
package com.example.activitysample;

import android.app.Activity;
import android.content.Intent;
import android.os.Bundle;
import android.util.Log;
import android.view.Menu;
import android.view.MenuItem;
import android.view.View;
import android.widget.EditText;

public class MainActivity extends Activity {

    @Override
    protected void onCreate(Bundle savedInstanceState) {
        super.onCreate(savedInstanceState);
        setContentView(R.layout.activity_main);
    }

    @Override
    public boolean onCreateOptionsMenu(Menu menu) {
        // Inflate the menu; this adds items to the action bar if it is present.
        getMenuInflater().inflate(R.menu.main, menu);
        return true;
    }

    @Override
    public boolean onOptionsItemSelected(MenuItem item) {
        // Handle action bar item clicks here. The action bar will
        // automatically handle clicks on the Home/Up button, so long
        // as you specify a parent activity in AndroidManifest.xml.
        int id = item.getItemId();
        if (id == R.id.action_settings) {
            return true;
        }
        return super.onOptionsItemSelected(item);
    }

    public void onClickNextButton(View v) {
        EditText editText = (EditText) findViewById(R.id.edit_message);
        Intent intent = new Intent(this, NextActivity.class);
        intent.putExtra("message", editText.getText().toString());
        startActivityForResult(intent, 123);
    }

    @Override
    protected void onActivityResult(int requestCode, int resultCode, Intent data) {
        if (requestCode == 123) {
```

```
            Log.v("MainACtivity", "NextActivityが終了しました。終了コード=" + resultCode);
        }
    }
}
```

NextActivity.java

```java
package com.example.activitysample;

import android.app.Activity;
import android.content.Intent;
import android.os.Bundle;
import android.view.Menu;
import android.view.MenuItem;
import android.view.View;
import android.widget.TextView;

public class NextActivity extends Activity {

    @Override
    protected void onCreate(Bundle savedInstanceState) {
        super.onCreate(savedInstanceState);
        setContentView(R.layout.activity_next);

        Intent intent = getIntent();
        String message = intent.getStringExtra("message");
        TextView textView = (TextView) findViewById(R.id.text_message);
        textView.setText(message);
    }

    @Override
    public boolean onCreateOptionsMenu(Menu menu) {
        // Inflate the menu; this adds items to the action bar if it is present.
        getMenuInflater().inflate(R.menu.next, menu);
        return true;
    }

    @Override
    public boolean onOptionsItemSelected(MenuItem item) {
        // Handle action bar item clicks here. The action bar will
        // automatically handle clicks on the Home/Up button, so long
        // as you specify a parent activity in AndroidManifest.xml.
        int id = item.getItemId();
        if (id == R.id.action_settings) {
            return true;
        }
        return super.onOptionsItemSelected(item);
    }

    public void onClickFinishButton(View v) {
        setResult(RESULT_OK);
```

```
            finish();
        }
    }
}
```

■ 6.6節「まとめ課題」

MainActivity.java

```java
package com.example.activitysample;

import android.app.Activity;
import android.content.Intent;
import android.os.Bundle;
import android.util.Log;
import android.view.Menu;
import android.view.MenuItem;
import android.view.View;
import android.widget.EditText;
import android.widget.TextView;

public class MainActivity extends Activity {

    private static final int NEXT_ACTIVITY = 123;
    private static final int NEXT_ACTIVITY2 = 456;
    private TextView textFromActivity;
    private TextView textResultCode;
    private TextView textRequestCode;

    /** Called when the activity is first created. */
    @Override
    public void onCreate(Bundle savedInstanceState) {
        super.onCreate(savedInstanceState);
        setContentView(R.layout.activity_main);
        textFromActivity = (TextView) findViewById(R.id.text_from_activity);
        textResultCode = (TextView) findViewById(R.id.text_resultcode);
        textRequestCode = (TextView) findViewById(R.id.text_requestcode);
    }
    @Override
    public boolean onCreateOptionsMenu(Menu menu) {
        // Inflate the menu; this adds items to the action bar if it is present.
        getMenuInflater().inflate(R.menu.main, menu);
        return true;
    }

    @Override
    public boolean onOptionsItemSelected(MenuItem item) {
        // Handle action bar item clicks here. The action bar will
        // automatically handle clicks on the Home/Up button, so long
        // as you specify a parent activity in AndroidManifest.xml.
```

```
        int id = item.getItemId();
        if (id == R.id.action_settings) {
            return true;
        }
        return super.onOptionsItemSelected(item);
    }

    public void onClickNextButton(View v) {
        EditText editMessage = (EditText) findViewById(R.id.edit_message);
        Intent intent = new Intent(this, NextActivity.class);
        intent.putExtra("message", editMessage.getText().toString());
        startActivityForResult(intent, NEXT_ACTIVITY);
    }

    public void onClickNextButton2(View v) {
        EditText editMessage = (EditText) findViewById(R.id.edit_message);
        Intent intent = new Intent(this, NextActivity2.class);
        intent.putExtra("message", editMessage.getText().toString());
        startActivityForResult(intent, NEXT_ACTIVITY2);
    }

    @Override
    protected void onActivityResult(int requestCode, int resultCode, Intent data) {
        Log.v("MainActivity", "request code=" + requestCode);
        Log.v("MainActivity", "result code=" + resultCode);

        if (requestCode == NEXT_ACTIVITY) {
            textFromActivity.setText("From NextActivity");
        } else {
            textFromActivity.setText("From NextActivity2");
        }
        textResultCode.setText("Result :" + resultCode);
        textRequestCode.setText("Request:" + requestCode);

    }
}
```

NextActivity2.java

```
package com.example.activitysample;

import android.app.Activity;
import android.app.AlertDialog;
import android.content.DialogInterface;
import android.content.DialogInterface.OnClickListener;
import android.os.Bundle;
import android.view.Menu;
import android.view.MenuItem;
import android.view.View;
import android.widget.Toast;
```

```java
public class NextActivity2 extends Activity {

    @Override
    protected void onCreate(Bundle savedInstanceState) {
        super.onCreate(savedInstanceState);
        setContentView(R.layout.activity_next_activity2);
    }

    @Override
    public boolean onCreateOptionsMenu(Menu menu) {
        // Inflate the menu; this adds items to the action bar if it is present.
        getMenuInflater().inflate(R.menu.next_activity2, menu);
        return true;
    }

    @Override
    public boolean onOptionsItemSelected(MenuItem item) {
        // Handle action bar item clicks here. The action bar will
        // automatically handle clicks on the Home/Up button, so long
        // as you specify a parent activity in AndroidManifest.xml.
        int id = item.getItemId();
        if (id == R.id.action_settings) {
            return true;
        }
        return super.onOptionsItemSelected(item);
    }

    public void onClickFinishButton(View v) {
        finish();
    }

    public void onClickAlertButton(View v) {
        AlertDialog.Builder builder = new AlertDialog.Builder(this);

        // アイコン
        builder.setIcon(R.drawable.ic_launcher);

        // タイトル
        builder.setTitle("Title");

        // メッセージ
        builder.setMessage("Message");

        // クリックイベントの設定
        builder.setPositiveButton("OK", new OnClickListener() {
            @Override
            public void onClick(DialogInterface dialog, int which) {
                setResult(RESULT_OK);
            }
        });
        builder.setNegativeButton("Cancel", new OnClickListener() {

            @Override
```

```
                public void onClick(DialogInterface dialog, int which) {
                    setResult(RESULT_CANCELED);
                }
            });

            // AlertDialogを表示します。
            builder.show();
        }
    }
```

activity_main.xml

```xml
<LinearLayout xmlns:android="http://schemas.android.com/apk/res/android"
    xmlns:tools="http://schemas.android.com/tools"
    android:id="@+id/LinearLayout1"
    android:layout_width="match_parent"
    android:layout_height="match_parent"
    android:orientation="vertical"
    android:paddingBottom="@dimen/activity_vertical_margin"
    android:paddingLeft="@dimen/activity_horizontal_margin"
    android:paddingRight="@dimen/activity_horizontal_margin"
    android:paddingTop="@dimen/activity_vertical_margin"
    tools:context="com.example.activitysample.MainActivity" >

    <EditText
        android:id="@+id/edit_message"
        android:layout_width="match_parent"
        android:layout_height="wrap_content"
        android:ems="10" >

        <requestFocus />
    </EditText>

    <Button
        android:id="@+id/button1"
        android:layout_width="match_parent"
        android:layout_height="wrap_content"
        android:onClick="onClickNextButton"
        android:text="@string/next" />

    <Button
        android:id="@+id/button2"
        android:layout_width="match_parent"
        android:layout_height="wrap_content"
        android:onClick="onClickNextButton2"
        android:text="@string/next2" />

    <TextView
        android:id="@+id/text_from_activity"
        android:layout_width="wrap_content"
        android:layout_height="wrap_content"
```

```xml
            android:textSize="20dp" >
        </TextView>

        <TextView
            android:id="@+id/text_resultcode"
            android:layout_width="wrap_content"
            android:layout_height="wrap_content"
            android:textSize="20dp" >
        </TextView>

        <TextView
            android:id="@+id/text_requestcode"
            android:layout_width="wrap_content"
            android:layout_height="wrap_content"
            android:textSize="20dp" >
        </TextView>

</LinearLayout>
```

activity_next_activity2.xml

```xml
<LinearLayout xmlns:android="http://schemas.android.com/apk/res/android"
    xmlns:tools="http://schemas.android.com/tools"
    android:id="@+id/LinearLayout1"
    android:layout_width="match_parent"
    android:layout_height="match_parent"
    android:orientation="vertical"
    android:paddingBottom="@dimen/activity_vertical_margin"
    android:paddingLeft="@dimen/activity_horizontal_margin"
    android:paddingRight="@dimen/activity_horizontal_margin"
    android:paddingTop="@dimen/activity_vertical_margin"
    tools:context="com.example.activitysample.NextActivity2" >

    <TextView
        android:id="@+id/text_message"
        android:layout_width="wrap_content"
        android:layout_height="wrap_content"
        android:text="@string/title_activity_next" />

    <Button
        android:id="@+id/button_alert"
        android:layout_width="match_parent"
        android:layout_height="wrap_content"
        android:onClick="onClickAlertButton"
        android:text="@string/alert" />

    <Button
        android:id="@+id/button1"
        android:layout_width="match_parent"
        android:layout_height="wrap_content"
        android:onClick="onClickFinishButton"
```

```xml
            android:text="@string/finish" />

</LinearLayout>
```

strings.xml

```xml
<?xml version="1.0" encoding="utf-8"?>
<resources>

    <string name="app_name">ActivitySample</string>
    <string name="hello_world">Hello world!</string>
    <string name="action_settings">Settings</string>
    <string name="title_activity_next">NextActivity</string>
    <string name="next">Next</string>
    <string name="finish">Finish</string>
    <string name="next2">Next2</string>
    <string name="alert">Alert</string>
    <string name="title_activity_next_activity2">NextActivity2</string>

</resources>
```

AndroidManifest.xml

```xml
<?xml version="1.0" encoding="utf-8"?>
<manifest xmlns:android="http://schemas.android.com/apk/res/android"
    package="com.example.activitysample"
    android:versionCode="1"
    android:versionName="1.0" >

    <uses-sdk
        android:minSdkVersion="16"
        android:targetSdkVersion="19" />

    <application
        android:allowBackup="true"
        android:icon="@drawable/ic_launcher"
        android:label="@string/app_name"
        android:theme="@style/AppTheme" >
        <activity
            android:name=".MainActivity"
            android:label="@string/app_name" >
            <intent-filter>
                <action android:name="android.intent.action.MAIN" />

                <category android:name="android.intent.category.LAUNCHER" />
            </intent-filter>
        </activity>
        <activity
            android:name=".NextActivity"
```

```xml
            android:label="@string/title_activity_next" >
        </activity>
        <activity
            android:name=".NextActivity2"
            android:label="@string/title_activity_next_activity2" >
        </activity>
    </application>

</manifest>
```

第7章「ユーザーインターフェース (2)」

■ 7.1.2 節「ListView (1)」

ListSampleActivity.java

```java
package com.example.listsample;

import android.app.ListActivity;
import android.os.Bundle;
import android.view.Menu;
import android.view.MenuItem;
import android.widget.ArrayAdapter;

public class ListSampleActivity extends ListActivity {

    private static final String[] ITEMS = { "柴犬", "北海道犬", "甲斐犬", "紀州犬", "土佐犬",
        "四国犬", "秋田犬", "縄文犬", "琉球犬", "川上犬", "薩摩犬", "美濃柴", "山陰柴", "まめしば" };

    @Override
    protected void onCreate(Bundle savedInstanceState) {
        super.onCreate(savedInstanceState);
        setContentView(R.layout.activity_list_sample);

        ArrayAdapter<String> adapter = new ArrayAdapter<String>(this, R.layout.list_row, ITEMS);
        setListAdapter(adapter);
    }

    @Override
    public boolean onCreateOptionsMenu(Menu menu) {
        // Inflate the menu; this adds items to the action bar if it is present.
        getMenuInflater().inflate(R.menu.list_sample, menu);
        return true;
    }

    @Override
```

```java
    public boolean onOptionsItemSelected(MenuItem item) {
        // Handle action bar item clicks here. The action bar will
        // automatically handle clicks on the Home/Up button, so long
        // as you specify a parent activity in AndroidManifest.xml.
        int id = item.getItemId();
        if (id == R.id.action_settings) {
            return true;
        }
        return super.onOptionsItemSelected(item);
    }
}
```

activity_list_sample.xml

```xml
<LinearLayout xmlns:android="http://schemas.android.com/apk/res/android"
    xmlns:tools="http://schemas.android.com/tools"
    android:id="@+id/LinearLayout1"
    android:layout_width="match_parent"
    android:layout_height="match_parent"
    android:orientation="vertical"
    android:paddingBottom="@dimen/activity_vertical_margin"
    android:paddingLeft="@dimen/activity_horizontal_margin"
    android:paddingRight="@dimen/activity_horizontal_margin"
    android:paddingTop="@dimen/activity_vertical_margin"
    tools:context="com.example.listsample.ListSampleActivity" >

    <ListView
        android:id="@android:id/list"
        android:layout_width="match_parent"
        android:layout_height="wrap_content" >
    </ListView>

</LinearLayout>
```

list_row.xml

```xml
<?xml version="1.0" encoding="utf-8"?>
<TextView xmlns:android="http://schemas.android.com/apk/res/android"
    android:id="@+id/textView1"
    android:layout_width="match_parent"
    android:layout_height="wrap_content" />
```

■ 7.1.4 節「ListView（2）」

ListSampleActivity.java

```java
package com.example.listsample;

import android.app.ListActivity;
import android.os.Bundle;
import android.util.Log;
import android.view.Menu;
import android.view.MenuItem;
import android.view.View;
import android.widget.ArrayAdapter;
import android.widget.ListView;

public class ListSampleActivity extends ListActivity {

    private static final String[] ITEMS = { "柴犬", "北海道犬", "甲斐犬", "紀州犬", "土佐犬",
        "四国犬", "秋田犬", "縄文犬", "琉球犬", "川上犬", "薩摩犬", "美濃柴", "山陰柴", "まめしば" };

    @Override
    protected void onCreate(Bundle savedInstanceState) {
        super.onCreate(savedInstanceState);
        setContentView(R.layout.activity_list_sample);

        ArrayAdapter<String> adapter = new ArrayAdapter<String>(this, R.layout.list_row, ITEMS);
        setListAdapter(adapter);
    }

    @Override
    public boolean onCreateOptionsMenu(Menu menu) {
        // Inflate the menu; this adds items to the action bar if it is present.
        getMenuInflater().inflate(R.menu.list_sample, menu);
        return true;
    }

    @Override
    public boolean onOptionsItemSelected(MenuItem item) {
        // Handle action bar item clicks here. The action bar will
        // automatically handle clicks on the Home/Up button, so long
        // as you specify a parent activity in AndroidManifest.xml.
        int id = item.getItemId();
        if (id == R.id.action_settings) {
            return true;
        }
        return super.onOptionsItemSelected(item);
    }

    protected void onListItemClick(ListView l, View v, int position, long id){
        Log.v("ListSample", "position = " + position);
    }
}
```

■ 7.1.6 節「ListView（3）」

ListSampleActivity.java

```java
package com.example.listsample;

import android.app.ListActivity;
import android.content.Context;
import android.os.Bundle;
import android.util.Log;
import android.view.Menu;
import android.view.MenuItem;
import android.view.View;
import android.view.ViewGroup;
import android.widget.ArrayAdapter;
import android.widget.ImageView;
import android.widget.ListView;
import android.widget.TextView;

public class ListSampleActivity extends ListActivity {

    @Override
    protected void onCreate(Bundle savedInstanceState) {
        super.onCreate(savedInstanceState);
        setContentView(R.layout.activity_list_sample);

        // TODO ItemAdapaterを生成する
        ItemAdapter adapter = new ItemAdapter(this);
        setListAdapter(adapter);

        // Itemの作成
        // TODO リソースからテキスト配列を取得する
        // nullの置き換え
        String[] titles = getResources().getStringArray(R.array.titles);
        String[] detailes = getResources().getStringArray(R.array.detailes);

        for (int i = 0; i < titles.length; i++) {
            Item item = new Item();
            item.title = titles[i];
            item.detail = detailes[i];
            item.resourceId = R.drawable.ic_launcher;

            // TODO Adapterにデータを追加する
            adapter.add(item);
        }
    }

    @Override
    public boolean onCreateOptionsMenu(Menu menu) {
        // Inflate the menu; this adds items to the action bar if it is present.
        getMenuInflater().inflate(R.menu.list_sample, menu);
        return true;
```

```java
    }

    @Override
    public boolean onOptionsItemSelected(MenuItem item) {
        // Handle action bar item clicks here. The action bar will
        // automatically handle clicks on the Home/Up button, so long
        // as you specify a parent activity in AndroidManifest.xml.
        int id = item.getItemId();
        if (id == R.id.action_settings) {
            return true;
        }
        return super.onOptionsItemSelected(item);
    }

    protected void onListItemClick(ListView l, View v, int position, long id) {
        Log.v("ListSample", "position = " + position);
    }

    class ItemAdapter extends ArrayAdapter<Item> {

        public ItemAdapter(Context context) {
            super(context, R.layout.list_row);
        }

        @Override
        public View getView(int position, View convertView, ViewGroup parent) {
            if (convertView == null) {
                convertView = getLayoutInflater().inflate(R.layout.list_row,
                        null);
            }

            Item item = getItem(position);
            // TODO ImageViewの設定
            ImageView imageView = (ImageView) convertView
                    .findViewById(R.id.image_thumbnail);
            imageView.setImageResource(item.resourceId);

            // TODO TextView (Title)の設定
            TextView textTitle = (TextView) convertView
                    .findViewById(R.id.text_title);
            textTitle.setText(item.title);

            // TODO TextView (summary)の設定
            TextView textSummary = (TextView) convertView
                    .findViewById(R.id.text_detail);
            textSummary.setText(item.detail);

            return convertView;
        }

    }
}
```

Item.java

```java
package com.example.listsample;

public class Item {
    public String title;
    public String detail;
    public int resourceId;
}
```

activity_list_sample.xml

```xml
<LinearLayout xmlns:android="http://schemas.android.com/apk/res/android"
    xmlns:tools="http://schemas.android.com/tools"
    android:id="@+id/LinearLayout1"
    android:layout_width="match_parent"
    android:layout_height="match_parent"
    android:orientation="vertical"
    android:paddingBottom="@dimen/activity_vertical_margin"
    android:paddingLeft="@dimen/activity_horizontal_margin"
    android:paddingRight="@dimen/activity_horizontal_margin"
    android:paddingTop="@dimen/activity_vertical_margin"
    tools:context="com.example.listsample.ListSampleActivity" >

    <ListView
        android:id="@android:id/list"
        android:layout_width="match_parent"
        android:layout_height="wrap_content" >
    </ListView>

</LinearLayout>
```

list_row.xml

```xml
<?xml version="1.0" encoding="utf-8"?>
<LinearLayout xmlns:android="http://schemas.android.com/apk/res/android"
    android:layout_width="wrap_content"
    android:layout_height="wrap_content" >

    <ImageView
        android:id="@+id/image_thumbnail"
        android:layout_width="wrap_content"
        android:layout_height="wrap_content" >
    </ImageView>

    <LinearLayout
        android:id="@+id/LinearLayout01"
        android:layout_width="wrap_content"
        android:layout_height="wrap_content"
```

```xml
        android:orientation="vertical" >

        <TextView
            android:id="@+id/text_title"
            android:layout_width="wrap_content"
            android:layout_height="wrap_content"
            android:textAppearance="?android:attr/textAppearanceMedium" >
        </TextView>

        <TextView
            android:id="@+id/text_detail"
            android:layout_width="wrap_content"
            android:layout_height="wrap_content"
            android:textAppearance="?android:attr/textAppearanceSmall" >
        </TextView>
    </LinearLayout>

</LinearLayout>
```

string.xml

```xml
<?xml version="1.0" encoding="utf-8"?>
<resources>

    <string name="app_name">ListSample</string>
    <string name="hello_world">Hello world!</string>
    <string name="action_settings">Settings</string>

    <string-array name="titles">
        <item>柴犬</item>
        <item>北海道犬</item>
        <item>甲斐犬</item>
        <item>紀州犬</item>
        <item>土佐犬</item>
        <item>四国犬</item>
        <item>秋田犬</item>
        <item>縄文犬</item>
        <item>琉球犬</item>
        <item>川上犬</item>
        <item>薩摩犬</item>
        <item>美濃柴</item>
        <item>山陰柴</item>
        <item>まめしば</item>
    </string-array>
    <string-array name="detailes">
        <item>日本人の心。日本犬の中で唯一の小型犬。</item>
        <item>別名アイヌ犬。純粋和犬とは別種とする考え方も</item>
        <item>虎毛カコイー！中型と小型のあいだの大きさ</item>
        <item>白が多い。巻尾より差し尾が多い</item>
        <item>土佐闘犬。マスティフやブルドッグ、グレート・デーンなどを配し作られた犬</item>
        <item>ニホンオオカミと間違われることも！</item>
```

```xml
            <item>日本犬唯一の大型犬。「秋田マタギ」、マタギ犬。ハチー！</item>
            <item>土着の日本犬</item>
            <item>縄文時代以来の古い犬の形質を残すとされる</item>
            <item>長野県の天然記念物</item>
            <item>西郷隆盛の愛犬</item>
            <item>美濃犬、飛騨柴とも</item>
            <item>因幡犬がベース。差し尾、晩成型。飼えば飼うほど形が変わる？！</item>
            <item>小型の柴犬の愛称。JKCや日本犬保存会には「豆柴」という血統書は存在しない</item>
    </string-array>

</resources>
```

■ 7.2.2 節「Spinner（1）」

SpinnerSample.java

```java
package com.example.spinnersample;

import android.app.Activity;
import android.os.Bundle;
import android.view.Menu;
import android.view.MenuItem;
import android.widget.ArrayAdapter;
import android.widget.Spinner;

public class SpinnerSampleActivity extends Activity {

    @Override
    protected void onCreate(Bundle savedInstanceState) {
        super.onCreate(savedInstanceState);
        setContentView(R.layout.activity_spinner_sample);

        // ArrayAdapterインスタンスの生成

        ArrayAdapter<CharSequence> adapter = ArrayAdapter.createFromResource(
                this, R.array.dogs, android.R.layout.simple_spinner_item);

        // リストに表示するためのレイアウトリソースを設定
        adapter.setDropDownViewResource(android.R.layout.simple_spinner_dropdown_item);

        // スピナーの生成
        Spinner spinner = (Spinner) findViewById(R.id.spinner1);
        // スピナーにアダプター設定
        spinner.setAdapter(adapter);
    }

    @Override
    public boolean onCreateOptionsMenu(Menu menu) {
        // Inflate the menu; this adds items to the action bar if it is present.
```

```
            getMenuInflater().inflate(R.menu.spinner_sample, menu);
            return true;
    }

    @Override
    public boolean onOptionsItemSelected(MenuItem item) {
        // Handle action bar item clicks here. The action bar will
        // automatically handle clicks on the Home/Up button, so long
        // as you specify a parent activity in AndroidManifest.xml.
        int id = item.getItemId();
        if (id == R.id.action_settings) {
            return true;
        }
        return super.onOptionsItemSelected(item);
    }
}
```

activity_spinner_sample.xml

```
<LinearLayout xmlns:android="http://schemas.android.com/apk/res/android"
    xmlns:tools="http://schemas.android.com/tools"
    android:id="@+id/LinearLayout1"
    android:layout_width="match_parent"
    android:layout_height="match_parent"
    android:orientation="vertical"
    android:paddingBottom="@dimen/activity_vertical_margin"
    android:paddingLeft="@dimen/activity_horizontal_margin"
    android:paddingRight="@dimen/activity_horizontal_margin"
    android:paddingTop="@dimen/activity_vertical_margin"
    tools:context="com.example.spinnersample.SpinnerSampleActivity" >

    <Spinner
        android:id="@+id/spinner1"
        android:layout_width="match_parent"
        android:layout_height="wrap_content" />

</LinearLayout>
```

strings.xml

```
<?xml version="1.0" encoding="utf-8"?>
<resources>

    <string name="app_name">SpinnerSample</string>
    <string name="hello_world">Hello world!</string>
    <string name="action_settings">Settings</string>

    <string-array name="dogs">
        <item>柴犬</item>
```

```xml
        <item>北海道犬</item>
        <item>甲斐犬</item>
    </string-array>

</resources>
```

■ 7.2.4 節「Spinner（2）」

SpinnerSampleActivity.java

```java
package com.example.spinnersample;

import android.app.Activity;
import android.os.Bundle;
import android.view.Menu;
import android.view.MenuItem;
import android.view.View;
import android.widget.AdapterView;
import android.widget.ArrayAdapter;
import android.widget.Spinner;
import android.widget.TextView;

public class SpinnerSampleActivity extends Activity {

    @Override
    protected void onCreate(Bundle savedInstanceState) {
        super.onCreate(savedInstanceState);
        setContentView(R.layout.activity_spinner_sample);

        // ArrayAdapterインスタンスの生成

        ArrayAdapter<CharSequence> adapter = ArrayAdapter.createFromResource(
                this, R.array.dogs, android.R.layout.simple_spinner_item);

        // リストに表示するためのレイアウトリソースを設定
        adapter.setDropDownViewResource(android.R.layout.simple_spinner_dropdown_item);

        // スピナーの生成
        Spinner spinner = (Spinner) findViewById(R.id.spinner1);
        // スピナーにアダプター設定
        spinner.setAdapter(adapter);

        spinner.setOnItemSelectedListener(new AdapterView.OnItemSelectedListener() {
            @Override
            public void onItemSelected(AdapterView<?> parent, View view,
                    int position, long id) {

                // リストを選んだ時の処理を記述
                TextView textView = (TextView) findViewById(R.id.textView1);
```

```
                textView.setText(parent.getSelectedItem().toString());
            }

            @Override
            public void onNothingSelected(AdapterView<?> parent) {
                // 何も選択されなかった時の処理を記述
            }
        });
    }

    @Override
    public boolean onCreateOptionsMenu(Menu menu) {
        // Inflate the menu; this adds items to the action bar if it is present.
        getMenuInflater().inflate(R.menu.spinner_sample, menu);
        return true;
    }

    @Override
    public boolean onOptionsItemSelected(MenuItem item) {
        // Handle action bar item clicks here. The action bar will
        // automatically handle clicks on the Home/Up button, so long
        // as you specify a parent activity in AndroidManifest.xml.
        int id = item.getItemId();
        if (id == R.id.action_settings) {
            return true;
        }
        return super.onOptionsItemSelected(item);
    }
}
```

activity_spinner_sample.xml

```
<LinearLayout xmlns:android="http://schemas.android.com/apk/res/android"
    xmlns:tools="http://schemas.android.com/tools"
    android:id="@+id/LinearLayout1"
    android:layout_width="match_parent"
    android:layout_height="match_parent"
    android:orientation="vertical"
    android:paddingBottom="@dimen/activity_vertical_margin"
    android:paddingLeft="@dimen/activity_horizontal_margin"
    android:paddingRight="@dimen/activity_horizontal_margin"
    android:paddingTop="@dimen/activity_vertical_margin"
    tools:context="com.example.spinnersample.SpinnerSampleActivity" >

    <TextView
        android:id="@+id/textView1"
        android:layout_width="wrap_content"
        android:layout_height="wrap_content"
        />

    <Spinner
```

```xml
            android:id="@+id/spinner1"
            android:layout_width="match_parent"
            android:layout_height="wrap_content" />

</LinearLayout>
```

■ 7.3.2 節「GridView (1)」

GridViewSampleActivity.java

```java
package com.example.gridviewsample;

import android.app.Activity;
import android.content.Context;
import android.os.Bundle;
import android.view.LayoutInflater;
import android.view.Menu;
import android.view.MenuItem;
import android.view.View;
import android.view.ViewGroup;
import android.widget.ArrayAdapter;
import android.widget.GridView;
import android.widget.ImageView;

public class GridViewSampleActivity extends Activity {

    @Override
    protected void onCreate(Bundle savedInstanceState) {
        super.onCreate(savedInstanceState);
        setContentView(R.layout.activity_grid_view_sample);

        ImageAdapter adpater = new ImageAdapter(this,
                ImageResources.DRAWABLE_IDS);
        GridView gridView = (GridView) findViewById(R.id.gridView1);
        gridView.setAdapter(adpater);
    }

    @Override
    public boolean onCreateOptionsMenu(Menu menu) {
        // Inflate the menu; this adds items to the action bar if it is present.
        getMenuInflater().inflate(R.menu.grid_view_sample, menu);
        return true;
    }

    @Override
    public boolean onOptionsItemSelected(MenuItem item) {
        // Handle action bar item clicks here. The action bar will
        // automatically handle clicks on the Home/Up button, so long
        // as you specify a parent activity in AndroidManifest.xml.
```

```java
        int id = item.getItemId();
        if (id == R.id.action_settings) {
            return true;
        }
        return super.onOptionsItemSelected(item);
    }

    class ImageAdapter extends ArrayAdapter<Integer> {

        public ImageAdapter(Context context, Integer[] objects) {
            super(context, 0, objects);
        }

        @Override
        public View getView(int position, View convertView, ViewGroup parent) {

            int id = getItem(position);
            if (convertView == null) {
                LayoutInflater inflater = getLayoutInflater();
                convertView = inflater.inflate(R.layout.grid_cell, null);
            }
            ImageView imageView = (ImageView) convertView;
            imageView.setImageResource(id);
            return imageView;

        }

        public long getItemId(int position) {
            return getItem(position);
        };
    }
}
```

ImageResources.java

```java
package com.example.gridviewsample;

public class ImageResources {
    // ギャラリーに表示する画像
    public final static Integer[] DRAWABLE_IDS = {
        android.R.drawable.ic_menu_add,
        android.R.drawable.ic_menu_agenda,
        android.R.drawable.ic_menu_always_landscape_portrait,
        android.R.drawable.ic_menu_call,
        android.R.drawable.ic_menu_camera,
        android.R.drawable.ic_menu_close_clear_cancel,
        android.R.drawable.ic_menu_compass,
        android.R.drawable.ic_menu_crop,
        android.R.drawable.ic_menu_day,
        android.R.drawable.ic_menu_delete,
        android.R.drawable.ic_menu_directions,
```

```
        android.R.drawable.ic_menu_edit,
        android.R.drawable.ic_menu_gallery,
        android.R.drawable.ic_menu_help,
        android.R.drawable.ic_menu_info_details,
        android.R.drawable.ic_menu_manage,
        android.R.drawable.ic_menu_mapmode,
        android.R.drawable.ic_menu_month,
        android.R.drawable.ic_menu_more,
        android.R.drawable.ic_menu_my_calendar,
        android.R.drawable.ic_menu_mylocation,
        android.R.drawable.ic_menu_myplaces,
        android.R.drawable.ic_menu_preferences,
        android.R.drawable.ic_menu_recent_history,
        android.R.drawable.ic_menu_report_image,
        android.R.drawable.ic_menu_revert,
        android.R.drawable.ic_menu_rotate,
        android.R.drawable.ic_menu_save,
        android.R.drawable.ic_menu_search,
        android.R.drawable.ic_menu_send,
        android.R.drawable.ic_menu_set_as,
        android.R.drawable.ic_menu_share,
        android.R.drawable.ic_menu_slideshow,
        android.R.drawable.ic_menu_sort_alphabetically,
        android.R.drawable.ic_menu_sort_by_size,
        android.R.drawable.ic_menu_today,
        android.R.drawable.ic_menu_upload,
        android.R.drawable.ic_menu_upload_you_tube,
        android.R.drawable.ic_menu_view,
        android.R.drawable.ic_menu_week,
        android.R.drawable.ic_menu_zoom
    };
}
```

activity_grid_view_sample.xml

```xml
<LinearLayout xmlns:android="http://schemas.android.com/apk/res/android"
    xmlns:tools="http://schemas.android.com/tools"
    android:id="@+id/LinearLayout1"
    android:layout_width="match_parent"
    android:layout_height="match_parent"
    android:orientation="vertical"
    android:paddingBottom="@dimen/activity_vertical_margin"
    android:paddingLeft="@dimen/activity_horizontal_margin"
    android:paddingRight="@dimen/activity_horizontal_margin"
    android:paddingTop="@dimen/activity_vertical_margin"
    tools:context="com.example.gridviewsample.GridViewSampleActivity" >

    <GridView
        android:id="@+id/gridView1"
        android:layout_width="match_parent"
        android:layout_height="wrap_content"
```

```xml
            android:verticalSpacing="10dp"
            android:horizontalSpacing="10dp"
            android:numColumns="3" >
        </GridView>

</LinearLayout>
```

grid_cell.xml

```xml
<?xml version="1.0" encoding="utf-8"?>
<ImageView xmlns:android="http://schemas.android.com/apk/res/android"
    android:id="@+id/imageView"
    android:layout_width="match_parent"
    android:layout_height="match_parent" >


</ImageView>
```

■ 7.3.3 節「GridView（2）」

GridViewSampleActivity.java

```java
package com.example.gridviewsample;

import android.app.Activity;
import android.content.Context;
import android.os.Bundle;
import android.view.LayoutInflater;
import android.view.Menu;
import android.view.MenuItem;
import android.view.View;
import android.view.ViewGroup;
import android.widget.AdapterView;
import android.widget.AdapterView.OnItemClickListener;
import android.widget.ArrayAdapter;
import android.widget.GridView;
import android.widget.ImageView;

public class GridViewSampleActivity extends Activity {

    @Override
    protected void onCreate(Bundle savedInstanceState) {
        super.onCreate(savedInstanceState);
        setContentView(R.layout.activity_grid_view_sample);

        ImageAdapter adpater = new ImageAdapter(this,
                ImageResources.DRAWABLE_IDS);
        GridView gridView = (GridView) findViewById(R.id.gridView1);
```

```
            gridView.setAdapter(adpater);

            final ImageView imageView = (ImageView)findViewById(R.id.imageView1);
            gridView.setOnItemClickListener(new OnItemClickListener() {

                @Override
                public void onItemClick(AdapterView<?> parent, View view,
                        int position, long id) {
                    imageView.setImageResource((int)id);
                }
            });
    }

    @Override
    public boolean onCreateOptionsMenu(Menu menu) {
        // Inflate the menu; this adds items to the action bar if it is present.
        getMenuInflater().inflate(R.menu.grid_view_sample, menu);
        return true;
    }

    @Override
    public boolean onOptionsItemSelected(MenuItem item) {
        // Handle action bar item clicks here. The action bar will
        // automatically handle clicks on the Home/Up button, so long
        // as you specify a parent activity in AndroidManifest.xml.
        int id = item.getItemId();
        if (id == R.id.action_settings) {
            return true;
        }
        return super.onOptionsItemSelected(item);
    }

    class ImageAdapter extends ArrayAdapter<Integer> {

        public ImageAdapter(Context context, Integer[] objects) {
            super(context, 0, objects);
        }

        @Override
        public View getView(int position, View convertView, ViewGroup parent) {

            int id = getItem(position);
            if (convertView == null) {
                LayoutInflater inflater = getLayoutInflater();
                convertView = inflater.inflate(R.layout.grid_cell, null);
            }
            ImageView imageView = (ImageView) convertView;
            imageView.setImageResource(id);
            return imageView;

        }

        public long getItemId(int position) {
```

```
                return getItem(position);
            };
    }
}
```

activity_grid_view_sample.xml

```xml
<LinearLayout xmlns:android="http://schemas.android.com/apk/res/android"
    xmlns:tools="http://schemas.android.com/tools"
    android:id="@+id/LinearLayout1"
    android:layout_width="match_parent"
    android:layout_height="match_parent"
    android:orientation="vertical"
    android:paddingBottom="@dimen/activity_vertical_margin"
    android:paddingLeft="@dimen/activity_horizontal_margin"
    android:paddingRight="@dimen/activity_horizontal_margin"
    android:paddingTop="@dimen/activity_vertical_margin"
    tools:context="com.example.gridviewsample.GridViewSampleActivity" >

    <ImageView
        android:id="@+id/imageView1"
        android:layout_width="wrap_content"
        android:layout_height="wrap_content"
        android:src="@drawable/ic_launcher" />

    <GridView
        android:id="@+id/gridView1"
        android:layout_width="match_parent"
        android:layout_height="wrap_content"
        android:horizontalSpacing="10dp"
        android:numColumns="3"
        android:verticalSpacing="10dp" >
    </GridView>

</LinearLayout>
```

第8章「Webサービス連携」

■ 8.1.2 節「HTTP 通信（1）」

HttpSampleActivity.java

```java
package com.example.httpsample;

import org.apache.http.HttpResponse;
import org.apache.http.HttpStatus;
import org.apache.http.client.methods.HttpGet;
import org.apache.http.impl.client.DefaultHttpClient;

import android.app.Activity;
import android.os.Bundle;
import android.os.StrictMode;
import android.util.Log;
import android.view.View;

public class HttpSampleActivity extends Activity {

    private static final String TAG = "HttpClientSample";
    // 接続先 URL
    private static final String URL = "http://iss.ndl.go.jp/";

    // 実習3 URL
    // private static final String URL = "http://iss.ndl.go.jp/api/opensearch";

    @Override
    protected void onCreate(Bundle savedInstanceState) {
        super.onCreate(savedInstanceState);
        setContentView(R.layout.activity_http_sample);

        StrictMode.setThreadPolicy(new StrictMode.ThreadPolicy.Builder()
                .permitAll().build());
    }

    public void onClickButton(View v) {
        // TODO 【HTTP通信 実習1】No.01 DefaultHttpClientオブジェクトの生成する
        DefaultHttpClient client = new DefaultHttpClient();

        // TODO 【HTTP通信 実習3】No.01 WebAPI用クエリパラメータのの作成

        // TODO 【HTTP通信 実習3】No.02 作成したクエリパラメータからHttpGetオブジェクトを生成する

        // TODO 【HTTP通信 実習1】No.02 GETメソッドで接続するリクエストオブジェクトを生成する
        HttpGet get = new HttpGet(URL);

        try {
```

```
                // TODO 【HTTP通信 実習1】No.03 リクエストを発行してレスポンスを取得する
                HttpResponse res = client.execute(get);
                // TODO 【HTTP通信 実習1】No.04 ステータスコードのチェックする
                if (res.getStatusLine().getStatusCode() == HttpStatus.SC_OK) {
                    // TODO 【HTTP通信 実習1】No.05 ログを出力する
                    Log.v(TAG, "status ok");

                    // TODO 【HTTP通信 実習2】 No.01 HTML文の取得

                    // TODO 【HTTP通信 実習2】 No.02 TextViewに取得したコンテンツデータを表示

                }
        } catch (Exception e) {
            Log.e(TAG, e.getMessage(), e);
        }
    }
}
```

activity_http_sample.xml

```xml
<LinearLayout xmlns:android="http://schemas.android.com/apk/res/android"
    xmlns:tools="http://schemas.android.com/tools"
    android:id="@+id/LinearLayout1"
    android:layout_width="match_parent"
    android:layout_height="match_parent"
    android:orientation="vertical"
    android:paddingBottom="@dimen/activity_vertical_margin"
    android:paddingLeft="@dimen/activity_horizontal_margin"
    android:paddingRight="@dimen/activity_horizontal_margin"
    android:paddingTop="@dimen/activity_vertical_margin"
    tools:context="com.example.httpsample.HttpSampleActivity" >

    <Button
        android:id="@+id/button_connect_http"
        android:layout_width="match_parent"
        android:layout_height="wrap_content"
        android:onClick="onClickButton"
        android:text="@string/http" />

    <!-- TODO 【HTTP通信 実習3】 WebAPIパラメータレイアウトを追加する -->

    <!-- TODO 【HTTP通信 実習2】 TextViewを追加する -->

</LinearLayout>
```

strings.xml

```xml
<?xml version="1.0" encoding="utf-8"?>
<resources>
```

```xml
    <string name="app_name">HttpSample</string>
    <string name="hello_world">Hello world!</string>
    <string name="action_settings">Settings</string>
    <string name="http">HTTP通信</string>

</resources>
```

AndroidManifest.xml

```xml
<!-- TODO インターネット接続の通信許可パーミッションを追加する -->
<uses-permission android:name="android.permission.INTERNET"></uses-permission>
```

■ 8.2.2 節「HTTP 通信（2）」

HttpSampleActivity.java

```java
package com.example.httpsample;

import org.apache.http.HttpResponse;
import org.apache.http.HttpStatus;
import org.apache.http.client.methods.HttpGet;
import org.apache.http.impl.client.DefaultHttpClient;
import org.apache.http.util.EntityUtils;

import android.app.Activity;
import android.os.Bundle;
import android.os.StrictMode;
import android.util.Log;
import android.view.View;
import android.widget.TextView;

public class HttpSampleActivity extends Activity {

    private static final String TAG = "HttpClientSample";
    // 接続先 URL
    private static final String URL = "http://iss.ndl.go.jp/";

    // 実習3 URL
    // private static final String URL = "http://iss.ndl.go.jp/api/opensearch";

    @Override
    protected void onCreate(Bundle savedInstanceState) {
        super.onCreate(savedInstanceState);
        setContentView(R.layout.activity_http_sample);

        StrictMode.setThreadPolicy(new StrictMode.ThreadPolicy.Builder()
                .permitAll().build());
```

```java
    }

    public void onClickButton(View v) {
        // TODO 【HTTP通信 実習1】No.01 DefaultHttpClientオブジェクトの生成する
        DefaultHttpClient client = new DefaultHttpClient();

        // TODO 【HTTP通信 実習3】No.01 WebAPI用クエリパラメータのの作成

        // TODO 【HTTP通信 実習3】No.02 作成したクエリパラメータからHttpGetオブジェクトを生成する

        // TODO 【HTTP通信 実習1】No.02 GETメソッドで接続するリクエストオブジェクトを生成する
        HttpGet get = new HttpGet(URL);

        try {
            // TODO 【HTTP通信 実習1】No.03 リクエストを発行してレスポンスを取得する
            HttpResponse res = client.execute(get);
            // TODO 【HTTP通信 実習1】No.04 ステータスコードのチェックする
            if (res.getStatusLine().getStatusCode() == HttpStatus.SC_OK) {
                // TODO 【HTTP通信 実習1】No.05 ログを出力する
                Log.v(TAG, "status ok");

                // TODO 【HTTP通信 実習2】 No.01 HTML文の取得
                String content = EntityUtils.toString(res.getEntity(), "UTF-8");

                // TODO 【HTTP通信 実習2】 No.02 TextViewに取得したコンテンツデータを表示
                TextView textView = (TextView)findViewById(R.id.text_content);
                textView.setText(content);

            }
        } catch (Exception e) {
            Log.e(TAG, e.getMessage(), e);
        }
    }
}
```

activity_http_sample.xml

```xml
<LinearLayout xmlns:android="http://schemas.android.com/apk/res/android"
    xmlns:tools="http://schemas.android.com/tools"
    android:id="@+id/LinearLayout1"
    android:layout_width="match_parent"
    android:layout_height="match_parent"
    android:orientation="vertical"
    android:paddingBottom="@dimen/activity_vertical_margin"
    android:paddingLeft="@dimen/activity_horizontal_margin"
    android:paddingRight="@dimen/activity_horizontal_margin"
    android:paddingTop="@dimen/activity_vertical_margin"
    tools:context="com.example.httpsample.HttpSampleActivity" >

    <Button
        android:id="@+id/button_connect_http"
```

```xml
            android:layout_width="match_parent"
            android:layout_height="wrap_content"
            android:onClick="onClickButton"
            android:text="@string/http" />

    <!-- TODO 【HTTP通信 実習3】 WebAPIパラメータレイアウトを追加する -->

    <!-- TODO 【HTTP通信 実習2】 TextViewを追加する -->
    <ScrollView
        android:id="@+id/scrollView1"
        android:layout_width="match_parent"
        android:layout_height="wrap_content" >

        <LinearLayout
            android:layout_width="match_parent"
            android:layout_height="match_parent"
            android:orientation="vertical" >

            <TextView
                android:id="@+id/text_content"
                android:layout_width="wrap_content"
                android:layout_height="wrap_content" >
            </TextView>
        </LinearLayout>
    </ScrollView>

</LinearLayout>
```

■ 8.3.4節「HTTP通信（3）」

HttpSampleActivity.java

```java
package com.example.httpsample;

import org.apache.http.HttpResponse;
import org.apache.http.HttpStatus;
import org.apache.http.client.methods.HttpGet;
import org.apache.http.impl.client.DefaultHttpClient;
import org.apache.http.util.EntityUtils;

import android.app.Activity;
import android.net.Uri;
import android.net.Uri.Builder;
import android.os.Bundle;
import android.os.StrictMode;
import android.util.Log;
import android.view.View;
import android.widget.EditText;
import android.widget.TextView;
```

```java
public class HttpSampleActivity extends Activity {

    private static final String TAG = "HttpClientSample";
    // 接続先 URL
    // private static final String URL = "http://iss.ndl.go.jp/";

    // 実習3 URL
    private static final String URL = "http://iss.ndl.go.jp/api/opensearch";

    @Override
    protected void onCreate(Bundle savedInstanceState) {
        super.onCreate(savedInstanceState);
        setContentView(R.layout.activity_http_sample);

        StrictMode.setThreadPolicy(new StrictMode.ThreadPolicy.Builder()
                .permitAll().build());
    }

    public void onClickButton(View v) {
        // TODO 【HTTP通信 実習1】No.01 DefaultHttpClientオブジェクトの生成する
        DefaultHttpClient client = new DefaultHttpClient();

        // TODO 【HTTP通信 実習3】No.01 WebAPI用クエリパラメータのの作成
        EditText editKey = (EditText) findViewById(R.id.editKey);
        EditText editValue = (EditText) findViewById(R.id.editValue);
        Builder builder = new Builder();
        builder.path(URL);
        builder.appendQueryParameter(editKey.getText().toString(), editValue
                .getText().toString());

        // TODO 【HTTP通信 実習3】No.02 作成したクエリパラメータからHttpGetオブジェクトを生成する
        String uri = Uri.decode(builder.build().toString());
        HttpGet get = new HttpGet(uri);

        // TODO 【HTTP通信 実習1】No.02 GETメソッドで接続するリクエストオブジェクトを生成する
        // HttpGet get = new HttpGet(URL);

        try {
            // TODO 【HTTP通信 実習1】No.03 リクエストを発行してレスポンスを取得する
            HttpResponse res = client.execute(get);
            // TODO 【HTTP通信 実習1】No.04 ステータスコードのチェックする
            if (res.getStatusLine().getStatusCode() == HttpStatus.SC_OK) {
                // TODO 【HTTP通信 実習1】No.05 ログを出力する
                Log.v(TAG, "status ok");

                // TODO 【HTTP通信 実習2】 No.01 HTML文の取得
                String content = EntityUtils.toString(res.getEntity(), "UTF-8");

                // TODO 【HTTP通信 実習2】 No.02 TextViewに取得したコンテンツデータを表示
                TextView textView = (TextView) findViewById(R.id.text_content);
                textView.setText(content);
```

```
            }
        } catch (Exception e) {
            Log.e(TAG, e.getMessage(), e);
        }
    }
}
```

activity_http_sample.xml

```xml
<LinearLayout xmlns:android="http://schemas.android.com/apk/res/android"
    xmlns:tools="http://schemas.android.com/tools"
    android:id="@+id/LinearLayout1"
    android:layout_width="match_parent"
    android:layout_height="match_parent"
    android:orientation="vertical"
    android:paddingBottom="@dimen/activity_vertical_margin"
    android:paddingLeft="@dimen/activity_horizontal_margin"
    android:paddingRight="@dimen/activity_horizontal_margin"
    android:paddingTop="@dimen/activity_vertical_margin"
    tools:context="com.example.httpsample.HttpSampleActivity" >

    <Button
        android:id="@+id/button_connect_http"
        android:layout_width="match_parent"
        android:layout_height="wrap_content"
        android:onClick="onClickButton"
        android:text="@string/http" />

    <!-- TODO 【HTTP通信 実習3】 WebAPIパラメータレイアウトを追加する -->
    <LinearLayout
        android:orientation="horizontal"
        android:layout_width="match_parent"
        android:layout_height="wrap_content" >

        <TextView
            android:layout_width="50dp"
            android:layout_height="wrap_content"
            android:text="@string/key" />

        <EditText
            android:id="@+id/editKey"
            android:layout_width="match_parent"
            android:layout_height="wrap_content" />

    </LinearLayout>

    <LinearLayout
        android:orientation="horizontal"
        android:layout_width="match_parent"
        android:layout_height="wrap_content" >
```

```xml
        <TextView
            android:layout_width="50dp"
            android:layout_height="wrap_content"
            android:text="@string/value" />

        <EditText
            android:id="@+id/editValue"
            android:layout_width="match_parent"
            android:layout_height="wrap_content" />

    </LinearLayout>
    <!-- TODO 【HTTP通信 実習2】 TextViewを追加する -->

    <ScrollView
        android:id="@+id/scrollView1"
        android:layout_width="match_parent"
        android:layout_height="wrap_content" >

        <LinearLayout
            android:layout_width="match_parent"
            android:layout_height="match_parent"
            android:orientation="vertical" >

            <TextView
                android:id="@+id/text_content"
                android:layout_width="wrap_content"
                android:layout_height="wrap_content" >
            </TextView>
        </LinearLayout>
    </ScrollView>

</LinearLayout>
```

strings.xml

```xml
<?xml version="1.0" encoding="utf-8"?>
<resources>

    <string name="app_name">HttpSample</string>
    <string name="hello_world">Hello world!</string>
    <string name="action_settings">Settings</string>
    <string name="http">HTTP通信</string>
    <string name="key">Key</string>
    <string name="value">Value</string>

</resources>
```

■ 8.4.4 節「JSON」

HttpHelper.java

```java
package com.example.jsonsample;

import java.io.IOException;

import org.apache.http.HttpEntity;
import org.apache.http.HttpResponse;
import org.apache.http.HttpStatus;
import org.apache.http.ParseException;
import org.apache.http.client.methods.HttpGet;
import org.apache.http.impl.client.DefaultHttpClient;
import org.apache.http.util.EntityUtils;

import android.net.Uri;
import android.net.Uri.Builder;
import android.util.Log;

public class HttpHelper {

    private static final String TAG = "HttpHelper";

    public static HttpEntity request(String url) {

        DefaultHttpClient client = new DefaultHttpClient();
        HttpGet get = new HttpGet(url);

        try {
            HttpResponse res = client.execute(get);
            if (res.getStatusLine().getStatusCode() == HttpStatus.SC_OK) {
                Log.v(TAG, "status ok");
                return res.getEntity();
            }
        } catch (Exception e) {
            Log.e(TAG, e.getMessage(), e);
        }
        return null;

    }

    public static String getContent(String url)
            throws ParseException, IOException {

        HttpEntity entity = request(url);
        if (entity != null) {
            return EntityUtils.toString(entity);
        }
        return null;
    }
}
```

JsonHelper.java

```java
package com.example.jsonsample;

import org.json.JSONArray;
import org.json.JSONException;
import org.json.JSONObject;

import android.util.Log;

public class JsonHelper {

    private static final String TAG = "JsonHelper";

    public static Book parseJson(String strJson) {
        Book book = new Book();

        try {
            // TODO JSON解析
            JSONObject json = new JSONObject(strJson);

            // TODO ISBN 取得
            JSONObject identifier = json.getJSONObject("identifier");
            JSONArray ISBNs = identifier.getJSONArray("ISBN");
            book.ISBN = ISBNs.getString(0);

            // TODO title 取得
            JSONArray titles = json.getJSONArray("title");
            JSONObject title = titles.getJSONObject(0);
            book.title = title.getString("value");

            // TODO publisher 取得
            JSONArray publishers = json.getJSONArray("publisher");
            JSONObject publisher = publishers.getJSONObject(0);
            book.publisher = publisher.getString("name");
        } catch (Exception e) {
            Log.e(TAG, e.getMessage(), e);
        }

        return book;
    }
}
```

Book.java

```java
package com.example.jsonsample;

public class Book {
    public String ISBN;
    public String title;
    public String publisher;
```

```java
    @Override
    public String toString() {
        return "Book [ISBN=" + ISBN + ", title=" + title + ", publisher="
                + publisher + "]";
    }
}
```

JsonSampleActivity.java

```java
package com.example.jsonsample;

import android.app.Activity;
import android.os.Bundle;
import android.os.StrictMode;
import android.util.Log;
import android.view.View;
import android.widget.TextView;

public class JsonSampleActivity extends Activity {
    private static final String TAG = "JsonSampleActivity";

    // 接続先URL JSONを取得するURL 実習 3 のレスポンスデータから対象のURLを設定する
    private static final String URL = "http://iss.ndl.go.jp/books/R100000002-I025392311-00.json";

    private TextView textResult;

    /** Called when the activity is first created. */
    @Override
    public void onCreate(Bundle savedInstanceState) {
        super.onCreate(savedInstanceState);
        setContentView(R.layout.activity_json_sample);
        textResult = (TextView) findViewById(R.id.text_result);

        StrictMode.setThreadPolicy(new StrictMode.ThreadPolicy.Builder()
                .permitAll().build());

    }

    public void onClickClearButton(View v) {
        textResult.setText("");
    }

    public void onClickJsonButton(View v) {
        String json;
        try {
            json = HttpHelper.getContent(URL);
            Book book = JsonHelper.parseJson(json);
            textResult.setText(book.toString());
        } catch (Exception e) {
            Log.e(TAG, e.getMessage(), e);
```

```
        }
    }
}
```

activity_json_sample.xml

```xml
<LinearLayout xmlns:android="http://schemas.android.com/apk/res/android"
    xmlns:tools="http://schemas.android.com/tools"
    android:id="@+id/LinearLayout1"
    android:layout_width="match_parent"
    android:layout_height="match_parent"
    android:orientation="vertical"
    android:paddingBottom="@dimen/activity_vertical_margin"
    android:paddingLeft="@dimen/activity_horizontal_margin"
    android:paddingRight="@dimen/activity_horizontal_margin"
    android:paddingTop="@dimen/activity_vertical_margin"
    tools:context="com.example.jsonsample.JsonSampleActivity" >

    <Button
        android:id="@+id/button_clear"
        android:layout_width="match_parent"
        android:layout_height="wrap_content"
        android:onClick="onClickClearButton"
        android:text="@string/clear" >
    </Button>

    <Button
        android:id="@+id/button_json"
        android:layout_width="match_parent"
        android:layout_height="wrap_content"
        android:onClick="onClickJsonButton"
        android:text="@string/json" >
    </Button>

    <ScrollView
        android:id="@+id/scrollView1"
        android:layout_width="match_parent"
        android:layout_height="wrap_content" >

        <LinearLayout
            android:layout_width="match_parent"
            android:layout_height="match_parent"
            android:orientation="vertical" >

            <TextView
                android:id="@+id/text_result"
                android:layout_width="wrap_content"
                android:layout_height="match_parent" >
            </TextView>
        </LinearLayout>
    </ScrollView>
```

```
</LinearLayout>
```

第9章「データベース」

■ 9.1.7 節「データベースの作成」

SampleSQLiteOpenHelper.java

```java
package com.example.databasesample;

import android.content.Context;
import android.database.sqlite.SQLiteDatabase;
import android.database.sqlite.SQLiteOpenHelper;

public class SampleSQLiteOpenHelper extends SQLiteOpenHelper {

    public static final String SAMPLE_DATABASE = "SAMPLE_DATABASE";
    public static final String SAMPLE_TABLE = "SAMPLE_TABLE";
    public static final String CREATE_TABLE = "CREATE TABLE " + SAMPLE_TABLE
            + "(_id INTEGER PRIMARY KEY AUTOINCREMENT" + ",name TEXT not null"
            + ",value INTEGER not null" + ");";

    public SampleSQLiteOpenHelper(Context context) {
        super(context, SAMPLE_DATABASE, null, 1);
    }

    @Override
    public void onCreate(SQLiteDatabase database) {
        database.execSQL(CREATE_TABLE);
    }

    @Override
    public void onUpgrade(SQLiteDatabase arg0, int arg1, int arg2) {
    }

}
```

DatabaseSampleActivity.java

```java
package com.example.databasesample;

import android.app.Activity;
```

```java
import android.database.sqlite.SQLiteDatabase;
import android.os.Bundle;
import android.util.Log;
import android.view.Menu;
import com.example.databasesample.R;

public class DatabaseSampleActivity extends Activity {

    @Override
    protected void onCreate(Bundle savedInstanceState) {
        super.onCreate(savedInstanceState);
        setContentView(R.layout.activity_database_sample);
        SampleSQLiteOpenHelper helper = new SampleSQLiteOpenHelper(this);
        SQLiteDatabase database = helper.getReadableDatabase();
        if(database != null  && database.isOpen()){
            Log.v("DatabaseSample", "Succeeded in open the database.");
            helper.close();
            Log.v("DatabaseSample", "Succeeded in close the database.");
        }
    }

    @Override
    public boolean onCreateOptionsMenu(Menu menu) {
        // Inflate the menu; this adds items to the action bar if it is present.
        getMenuInflater().inflate(R.menu.database_sample, menu);
        return true;
    }

}
```

■ 9.3.3 節「データの全件検索」

DatabaseSampleActivity.java

```java
package com.example.databasesample;

import android.app.Activity;
import android.content.Intent;
import android.database.Cursor;
import android.database.sqlite.SQLiteDatabase;
import android.os.Bundle;
import android.util.Log;
import android.view.Menu;
import android.view.View;

public class DatabaseSampleActivity extends Activity {

    @Override
    protected void onCreate(Bundle savedInstanceState) {
        super.onCreate(savedInstanceState);
```

```java
        setContentView(R.layout.activity_database_sample);
    }

    @Override
    public boolean onCreateOptionsMenu(Menu menu) {
        // Inflate the menu; this adds items to the action bar if it is present.
        getMenuInflater().inflate(R.menu.database_sample, menu);
        return true;
    }

    public void onClickSearchButton(View v) {
        Intent intent = new Intent(this, ResultActivity.class);
        startActivity(intent);
    }
}
```

ResultActivity.java

```java
package com.example.databasesample;

import android.app.Activity;
import android.database.Cursor;
import android.database.sqlite.SQLiteDatabase;
import android.os.Bundle;
import android.widget.TextView;

public class ResultActivity extends Activity {

    private Cursor cursor;

    @Override
    protected void onCreate(Bundle savedInstanceState) {
        super.onCreate(savedInstanceState);
        setContentView(R.layout.activity_result);
        TextView textCount = (TextView) findViewById(R.id.text_count);

        SampleSQLiteOpenHelper helper = new SampleSQLiteOpenHelper(this);
        SQLiteDatabase database = helper.getReadableDatabase();

        // 全件検索する
        cursor = database.query(SampleSQLiteOpenHelper.SAMPLE_TABLE, null, null, null, null, null,
                null);
        if (cursor != null) {
            textCount.setText("[データ件数:" + cursor.getCount() + "件]");
        }
        helper.close();
    }

    @Override
    protected void onDestroy() {
```

```
            super.onDestroy();
            cursor.close();
        }
    }
}
```

activity_database_sample.xml

```xml
<LinearLayout xmlns:android="http://schemas.android.com/apk/res/android"
    xmlns:tools="http://schemas.android.com/tools"
    android:id="@+id/LinearLayout1"
    android:layout_width="match_parent"
    android:layout_height="match_parent"
    android:orientation="vertical"
    android:paddingBottom="@dimen/activity_vertical_margin"
    android:paddingLeft="@dimen/activity_horizontal_margin"
    android:paddingRight="@dimen/activity_horizontal_margin"
    android:paddingTop="@dimen/activity_vertical_margin"
    tools:context=".DatabaseSampleActivity" >

    <Button
        android:id="@+id/button1"
        android:layout_width="match_parent"
        android:layout_height="wrap_content"
        android:text="@string/search"
        android:onClick="onClickSearchButton" />

</LinearLayout>
```

activity_result.xml

```xml
<LinearLayout xmlns:android="http://schemas.android.com/apk/res/android"
    xmlns:tools="http://schemas.android.com/tools"
    android:id="@+id/LinearLayout1"
    android:layout_width="match_parent"
    android:layout_height="match_parent"
    android:orientation="vertical"
    android:paddingBottom="@dimen/activity_vertical_margin"
    android:paddingLeft="@dimen/activity_horizontal_margin"
    android:paddingRight="@dimen/activity_horizontal_margin"
    android:paddingTop="@dimen/activity_vertical_margin"
    tools:context=".ResultActivity" >

    <TextView
        android:id="@+id/text_count"
        android:layout_width="wrap_content"
        android:layout_height="wrap_content" />

</LinearLayout>
```

strings.xml

```xml
<?xml version="1.0" encoding="utf-8"?>
<resources>

    <string name="app_name">DatabaseSamle</string>
    <string name="action_settings">Settings</string>
    <string name="hello_world">Hello world!</string>
    <string name="search">検索</string>
    <string name="title_activity_result">ResultActivity</string>

</resources>
```

AndroidManifest.xml

```xml
<?xml version="1.0" encoding="utf-8"?>
<manifest xmlns:android="http://schemas.android.com/apk/res/android"
    package="com.example.databasesample"
    android:versionCode="1"
    android:versionName="1.0" >

    <uses-sdk
        android:minSdkVersion="16"
        android:targetSdkVersion="19" />

    <application
        android:allowBackup="true"
        android:icon="@drawable/ic_launcher"
        android:label="@string/app_name"
        android:theme="@style/AppTheme" >
        <activity
            android:name="com.example.databasesample.DatabaseSampleActivity"
            android:label="@string/app_name" >
            <intent-filter>
                <action android:name="android.intent.action.MAIN" />

                <category android:name="android.intent.category.LAUNCHER" />
            </intent-filter>
        </activity>
        <activity
            android:name="com.example.databasesample.ResultActivity"
            android:label="@string/title_activity_result" >
        </activity>
    </application>

</manifest>
```

■ 9.4.1節「データの追加」

AddActivity.java

```java
package com.example.databasesample;

import android.app.Activity;
import android.content.ContentValues;
import android.database.sqlite.SQLiteDatabase;
import android.os.Bundle;
import android.text.TextUtils;
import android.util.Log;
import android.view.View;
import android.widget.EditText;
import android.widget.Toast;

public class AddActivity extends Activity {

    @Override
    protected void onCreate(Bundle savedInstanceState) {
        super.onCreate(savedInstanceState);
        setContentView(R.layout.activity_add);

    }

    public void onClickAddButton(View v) {

        // Nameの取得
        EditText editName = (EditText) findViewById(R.id.edit_name);
        String name = editName.getText().toString();

        // Valueの取得
        EditText editValue = (EditText) findViewById(R.id.edit_value);
        String value = editValue.getText().toString();

        if (!TextUtils.isEmpty(name) && !TextUtils.isEmpty(value)) {

            SampleSQLiteOpenHelper databaseOpenHelper = new SampleSQLiteOpenHelper(this);
            // 書込可能なSQLiteDatabaseオブジェクトを取得する
            SQLiteDatabase database = databaseOpenHelper.getWritableDatabase();

            // isnertデータの設定
            ContentValues values = new ContentValues();
            values.put("name", name);
            values.put("value", value);

            // データを追加する
            long result = database.insert(SampleSQLiteOpenHelper.SAMPLE_TABLE, null, values);
            Log.v("AddActivity", "Result:" + result);
            // データベースから切断する
            databaseOpenHelper.close();
            if (result != -1) {
```

```
                    Toast.makeText(this, R.string.add_complete, Toast.LENGTH_LONG).show();
                    finish();
                }
            }
        }
    }
}
```

DatabaseSampleActivity.java

```java
package com.example.databasesample;

import android.app.Activity;
import android.content.Intent;
import android.os.Bundle;
import android.view.Menu;
import android.view.MenuItem;
import android.view.View;

public class DatabaseSampleActivity extends Activity {

    @Override
    protected void onCreate(Bundle savedInstanceState) {
        super.onCreate(savedInstanceState);
        setContentView(R.layout.activity_database_sample);

    }

    @Override
    public boolean onCreateOptionsMenu(Menu menu) {
        // Inflate the menu; this adds items to the action bar if it is present.
        getMenuInflater().inflate(R.menu.database_sample, menu);
        return true;
    }

    @Override
    public boolean onOptionsItemSelected(MenuItem item) {
        Intent intent = new Intent(this, AddActivity.class);
        startActivity(intent);
        return false;
    }

    public void onClickSearchButton(View v) {
        Intent intent = new Intent(this, ResultActivity.class);
        startActivity(intent);
    }
}
```

activity_add.xml

```xml
<LinearLayout xmlns:android="http://schemas.android.com/apk/res/android"
    xmlns:tools="http://schemas.android.com/tools"
    android:id="@+id/LinearLayout1"
    android:layout_width="match_parent"
    android:layout_height="match_parent"
    android:orientation="vertical"
    android:paddingBottom="@dimen/activity_vertical_margin"
    android:paddingLeft="@dimen/activity_horizontal_margin"
    android:paddingRight="@dimen/activity_horizontal_margin"
    android:paddingTop="@dimen/activity_vertical_margin"
    tools:context=".AddActivity" >

    <TextView
        android:layout_width="wrap_content"
        android:layout_height="wrap_content"
        android:text="@string/name" />

    <EditText
        android:id="@+id/edit_name"
        android:layout_width="match_parent"
        android:layout_height="wrap_content"
        android:ems="10" >
    </EditText>

    <TextView
        android:layout_width="wrap_content"
        android:layout_height="wrap_content"
        android:text="@string/value" />

    <EditText
        android:id="@+id/edit_value"
        android:layout_width="match_parent"
        android:layout_height="wrap_content"
        android:ems="10" >
    </EditText>

    <Button
        android:layout_width="match_parent"
        android:layout_height="wrap_content"
        android:onClick="onClickAddButton"
        android:text="@string/add" />

</LinearLayout>
```

database_sample.xml

```xml
<menu xmlns:android="http://schemas.android.com/apk/res/android" >
    <item
        android:id="@+id/menu_add"
```

```xml
            android:title="@string/add">
    </item>

</menu>
```

strings.xml

```xml
<?xml version="1.0" encoding="utf-8"?>
<resources>

    <string name="app_name">DatabaseSamle</string>
    <string name="action_settings">Settings</string>
    <string name="hello_world">Hello world!</string>
    <string name="search">検索</string>
    <string name="title_activity_result">ResultActivity</string>
    <string name="title_activity_add">AddActivity</string>
    <string name="add">登録</string>
    <string name="add_complete">登録完了</string>
    <string name="name">Name</string>
    <string name="value">Value</string>
</resources>
```

AndroidManifest.xml

```xml
<?xml version="1.0" encoding="utf-8"?>
<manifest xmlns:android="http://schemas.android.com/apk/res/android"
    package="com.example.databasesample"
    android:versionCode="1"
    android:versionName="1.0" >

    <uses-sdk
        android:minSdkVersion="16"
        android:targetSdkVersion="19" />

    <application
        android:allowBackup="true"
        android:icon="@drawable/ic_launcher"
        android:label="@string/app_name"
        android:theme="@style/AppTheme" >
        <activity
            android:name="com.example.databasesample.DatabaseSampleActivity"
            android:label="@string/app_name" >
            <intent-filter>
                <action android:name="android.intent.action.MAIN" />

                <category android:name="android.intent.category.LAUNCHER" />
            </intent-filter>
        </activity>
        <activity
```

```xml
            android:name="com.example.databasesample.ResultActivity"
            android:label="@string/title_activity_result" >
        </activity>
        <activity
            android:name="com.example.databasesample.AddActivity"
            android:label="@string/title_activity_add" >
        </activity>
    </application>

</manifest>
```

■ 9.5.1節「取得データを表示する」

ResultActivity.java

```java
package com.example.databasesample;

import android.app.Activity;
import android.database.Cursor;
import android.database.sqlite.SQLiteDatabase;
import android.os.Bundle;
import android.util.Log;
import android.widget.TextView;

public class ResultActivity extends Activity {

    private Cursor cursor;

    @Override
    protected void onCreate(Bundle savedInstanceState) {
        super.onCreate(savedInstanceState);
        setContentView(R.layout.activity_result);
        TextView textCount = (TextView) findViewById(R.id.text_count);

        SampleSQLiteOpenHelper helper = new SampleSQLiteOpenHelper(this);
        SQLiteDatabase database = helper.getReadableDatabase();

        // 全件検索する
        cursor = database.query(SampleSQLiteOpenHelper.SAMPLE_TABLE, null, null, null, null, null,
                null);
        if (cursor != null) {
            textCount.setText("[データ件数：" + cursor.getCount() + "件]");
            // データの数だけループする
            while (cursor.moveToNext()) {
                // nameを取得
                String name = cursor.getString(cursor.getColumnIndex("name"));
                // valueを取得
                int value = cursor.getInt(cursor.getColumnIndex("value"));
                Log.v("ResultActivity", "name:" + name + " value:" + value);
            }
```

```
            }
            helper.close();
        }

        @Override
        protected void onDestroy() {
            super.onDestroy();
            cursor.close();
        }
    }
```

■ 9.6.2 節「データの一覧表示」

DatabaseSampleActivity.java

```
package com.example.databasesample;

import android.app.Activity;
import android.content.Intent;
import android.os.Bundle;
import android.view.Menu;
import android.view.MenuItem;
import android.view.View;

public class DatabaseSampleActivity extends Activity {

    @Override
    protected void onCreate(Bundle savedInstanceState) {
        super.onCreate(savedInstanceState);
        setContentView(R.layout.activity_database_sample);

    }

    @Override
    public boolean onCreateOptionsMenu(Menu menu) {
        // Inflate the menu; this adds items to the action bar if it is present.
        getMenuInflater().inflate(R.menu.database_sample, menu);
        return true;
    }

    @Override
    public boolean onOptionsItemSelected(MenuItem item) {
        Intent intent = new Intent(this, AddActivity.class);
        startActivity(intent);
        return false;
    }

    public void onClickSearchButton(View v) {
        Intent intent = new Intent(this, ResultListActivity.class);
        startActivity(intent);
```

    }
}

ResultListActivity.java

```java
package com.example.databasesample;

import android.app.ListActivity;
import android.database.Cursor;
import android.database.sqlite.SQLiteDatabase;
import android.os.Bundle;
import android.view.Menu;
import android.widget.CursorAdapter;
import android.widget.SimpleCursorAdapter;

public class ResultListActivity extends ListActivity {

    private Cursor cursor;

    @Override
    protected void onCreate(Bundle savedInstanceState) {
        super.onCreate(savedInstanceState);
        setContentView(R.layout.activity_result_list);
    }

    @Override
    public boolean onCreateOptionsMenu(Menu menu) {
        // Inflate the menu; this adds items to the action bar if it is present.
        getMenuInflater().inflate(R.menu.result_list, menu);
        return true;
    }

    @Override
    protected void onStart() {
        super.onStart();
        SampleSQLiteOpenHelper helper = new SampleSQLiteOpenHelper(this);
        SQLiteDatabase database = helper.getReadableDatabase();

        // 蝶(莉讀勲I「縺吶k
        cursor = database.query(SampleSQLiteOpenHelper.SAMPLE_TABLE, null, null, null, null, null,
                null);
        if (cursor != null) {
            SimpleCursorAdapter simpleCursorAdapter = new SimpleCursorAdapter(
                    this, android.R.layout.simple_list_item_1, cursor, new String[] { "name" },
                    new int[] { android.R.id.text1 }, CursorAdapter.FLAG_REGISTER_CONTENT_OBSERVER);
            setListAdapter(simpleCursorAdapter);
        }
        helper.close();
    }

}
```

activity_result_list.xml

```xml
<LinearLayout xmlns:android="http://schemas.android.com/apk/res/android"
    xmlns:tools="http://schemas.android.com/tools"
    android:id="@+id/LinearLayout1"
    android:layout_width="match_parent"
    android:layout_height="match_parent"
    android:orientation="vertical"
    android:paddingBottom="@dimen/activity_vertical_margin"
    android:paddingLeft="@dimen/activity_horizontal_margin"
    android:paddingRight="@dimen/activity_horizontal_margin"
    android:paddingTop="@dimen/activity_vertical_margin"
    tools:context=".ResultListActivity" >

    <ListView
        android:id="@android:id/list"
        android:layout_width="match_parent"
        android:layout_height="wrap_content" >
    </ListView>

    <TextView
        android:id="@android:id/empty"
        android:layout_width="wrap_content"
        android:layout_height="wrap_content"
        android:text="@string/empty" />

</LinearLayout>
```

strings.xml

```xml
<?xml version="1.0" encoding="utf-8"?>
<resources>

    <string name="app_name">DatabaseSamle</string>
    <string name="action_settings">Settings</string>
    <string name="hello_world">Hello world!</string>
    <string name="search">検索</string>
    <string name="title_activity_result">ResultActivity</string>
    <string name="title_activity_add">AddActivity</string>
    <string name="add">登録</string>
    <string name="add_complete">登録完了</string>
    <string name="name">Name</string>
    <string name="value">Value</string>
    <string name="title_activity_result_list">ResultListActivity</string>
    <string name="empty">データがありません</string>

</resources>
```

AndroidManifest.xml

```xml
<?xml version="1.0" encoding="utf-8"?>
<manifest xmlns:android="http://schemas.android.com/apk/res/android"
    package="com.example.databasesample"
    android:versionCode="1"
    android:versionName="1.0" >

    <uses-sdk
        android:minSdkVersion="16"
        android:targetSdkVersion="19" />

    <application
        android:allowBackup="true"
        android:icon="@drawable/ic_launcher"
        android:label="@string/app_name"
        android:theme="@style/AppTheme" >
        <activity
            android:name="com.example.databasesample.DatabaseSampleActivity"
            android:label="@string/app_name" >
            <intent-filter>
                <action android:name="android.intent.action.MAIN" />

                <category android:name="android.intent.category.LAUNCHER" />
            </intent-filter>
        </activity>
        <activity
            android:name="com.example.databasesample.ResultActivity"
            android:label="@string/title_activity_result" >
        </activity>
        <activity
            android:name="com.example.databasesample.AddActivity"
            android:label="@string/title_activity_add" >
        </activity>
        <activity
            android:name="com.example.databasesample.ResultListActivity"
            android:label="@string/title_activity_result_list" >
        </activity>
    </application>

</manifest>
```

■ 9.7.1 節「条件検索」

DetailActivity.java

```java
package com.example.databasesample;

import android.app.Activity;
```

```java
import android.database.Cursor;
import android.database.sqlite.SQLiteDatabase;
import android.os.Bundle;
import android.widget.TextView;

public class DetailActivity extends Activity {
    private Cursor cursor;

    @Override
    protected void onCreate(Bundle savedInstanceState) {
        super.onCreate(savedInstanceState);
        setContentView(R.layout.activity_detail);
    }

    @Override
    protected void onStart() {
        super.onStart();
        long id = getIntent().getLongExtra("id", -1);

        SampleSQLiteOpenHelper databaseOpenHelper = new SampleSQLiteOpenHelper(this);
        // 読込専用のSQLiteDatabaseオブジェクトを取得する
        SQLiteDatabase database = databaseOpenHelper.getReadableDatabase();

        // 条件検索
        cursor = database.query(SampleSQLiteOpenHelper.SAMPLE_TABLE, null, "_id=" + id, null, null,
                null, null);
        if (cursor != null) {
            cursor.moveToFirst();
            // nameをセット
            // nameをセット
            TextView textName = (TextView) findViewById(R.id.text_name);
            String name = cursor.getString(cursor.getColumnIndex("name"));
            textName.setText(name);

            // nameをセット
            TextView textValue = (TextView) findViewById(R.id.text_value);
            String value = cursor.getString(cursor.getColumnIndex("value"));
            textValue.setText(value);
        }
        // データベースから切断する
        databaseOpenHelper.close();
    }

    @Override
    protected void onStop() {
        super.onStop();
        cursor.close();
    }
}
```

ResultListActivity.java

```java
package com.example.databasesample;

import android.app.ListActivity;
import android.content.Intent;
import android.database.Cursor;
import android.database.sqlite.SQLiteDatabase;
import android.os.Bundle;
import android.view.Menu;
import android.view.View;
import android.widget.CursorAdapter;
import android.widget.ListView;
import android.widget.SimpleCursorAdapter;

public class ResultListActivity extends ListActivity {

    private Cursor cursor;

    @Override
    protected void onCreate(Bundle savedInstanceState) {
        super.onCreate(savedInstanceState);
        setContentView(R.layout.activity_result_list);
    }

    @Override
    protected void onStart() {
        super.onStart();
        SampleSQLiteOpenHelper helper = new SampleSQLiteOpenHelper(this);
        SQLiteDatabase database = helper.getReadableDatabase();

        // 蝶イ莉勲I「縺吶k
        cursor = database.query(SampleSQLiteOpenHelper.SAMPLE_TABLE, null, null, null, null, null,
                null);
        if (cursor != null) {
            SimpleCursorAdapter simpleCursorAdapter = new SimpleCursorAdapter(this,
                    android.R.layout.simple_list_item_1, cursor, new String[] { "name" },
                    new int[] { android.R.id.text1 }, CursorAdapter.FLAG_REGISTER_CONTENT_OBSERVER);
            setListAdapter(simpleCursorAdapter);
        }
        helper.close();
    }

    @Override
    protected void onListItemClick(ListView listView, View view, int position, long id) {
        Intent intent = new Intent(this, DetailActivity.class);
        intent.putExtra("id", id);
        startActivity(intent);
    }

    @Override
    protected void onStop() {
```

```
            super.onStop();
            cursor.close();
        }
    }
```

activity_detail.xml

```xml
<LinearLayout xmlns:android="http://schemas.android.com/apk/res/android"
    xmlns:tools="http://schemas.android.com/tools"
    android:id="@+id/LinearLayout1"
    android:layout_width="match_parent"
    android:layout_height="match_parent"
    android:orientation="vertical"
    android:paddingBottom="@dimen/activity_vertical_margin"
    android:paddingLeft="@dimen/activity_horizontal_margin"
    android:paddingRight="@dimen/activity_horizontal_margin"
    android:paddingTop="@dimen/activity_vertical_margin"
    tools:context=".DetailActivity" >

    <TextView
        android:layout_width="wrap_content"
        android:layout_height="wrap_content"
        android:text="@string/name" >
    </TextView>

    <TextView
        android:id="@+id/text_name"
        android:layout_width="wrap_content"
        android:layout_height="wrap_content"
        android:textAppearance="?android:attr/textAppearanceMedium" >
    </TextView>

    <TextView
        android:layout_width="wrap_content"
        android:layout_height="wrap_content"
        android:text="@string/value" >
    </TextView>

    <TextView
        android:id="@+id/text_value"
        android:layout_width="wrap_content"
        android:layout_height="wrap_content"
        android:textAppearance="?android:attr/textAppearanceMedium" >
    </TextView>

</LinearLayout>
```

strings.xml

```xml
<?xml version="1.0" encoding="utf-8"?>
<resources>

    <string name="app_name">DatabaseSamle</string>
    <string name="action_settings">Settings</string>
    <string name="hello_world">Hello world!</string>
    <string name="search">検索</string>
    <string name="title_activity_result">ResultActivity</string>
    <string name="title_activity_add">AddActivity</string>
    <string name="add">登録</string>
    <string name="add_complete">登録完了</string>
    <string name="name">Name</string>
    <string name="value">Value</string>
    <string name="title_activity_result_list">ResultListActivity</string>
    <string name="empty">データがありません</string>
    <string name="title_activity_detail">DetailActivity</string>

</resources>
```

AndroidManifest.xml

```xml
<?xml version="1.0" encoding="utf-8"?>
<manifest xmlns:android="http://schemas.android.com/apk/res/android"
    package="com.example.databasesample"
    android:versionCode="1"
    android:versionName="1.0" >

    <uses-sdk
        android:minSdkVersion="16"
        android:targetSdkVersion="19" />

    <application
        android:allowBackup="true"
        android:icon="@drawable/ic_launcher"
        android:label="@string/app_name"
        android:theme="@style/AppTheme" >
        <activity
            android:name="com.example.databasesample.DatabaseSampleActivity"
            android:label="@string/app_name" >
            <intent-filter>
                <action android:name="android.intent.action.MAIN" />

                <category android:name="android.intent.category.LAUNCHER" />
            </intent-filter>
        </activity>
        <activity
            android:name="com.example.databasesample.ResultActivity"
            android:label="@string/title_activity_result" >
        </activity>
```

```xml
        <activity
            android:name="com.example.databasesample.AddActivity"
            android:label="@string/title_activity_add" >
        </activity>
        <activity
            android:name="com.example.databasesample.ResultListActivity"
            android:label="@string/title_activity_result_list" >
        </activity>
        <activity
            android:name="com.example.databasesample.DetailActivity"
            android:label="@string/title_activity_detail" >
        </activity>
    </application>

</manifest>
```

■ 9.8.1 節「データの更新」

DetailActivity.java

```java
package com.example.databasesample;

import android.app.Activity;
import android.content.Intent;
import android.database.Cursor;
import android.database.sqlite.SQLiteDatabase;
import android.os.Bundle;
import android.view.View;
import android.widget.TextView;
import android.widget.Toast;

public class DetailActivity extends Activity {
    private Cursor cursor;

    @Override
    protected void onCreate(Bundle savedInstanceState) {
        super.onCreate(savedInstanceState);
        setContentView(R.layout.activity_detail);
    }

    @Override
    protected void onStart() {
        super.onStart();
        long id = getIntent().getLongExtra("id", -1);

        SampleSQLiteOpenHelper databaseOpenHelper = new SampleSQLiteOpenHelper(this);
        // 読込専用のSQLiteDatabaseオブジェクトを取得する
        SQLiteDatabase database = databaseOpenHelper.getReadableDatabase();
```

```java
            // 条件検索
            cursor = database.query(SampleSQLiteOpenHelper.SAMPLE_TABLE, null, "_id=" + id, null, null,
                    null, null);
            if (cursor != null) {
                cursor.moveToFirst();
                // nameをセット
                // nameをセット
                TextView textName = (TextView) findViewById(R.id.text_name);
                String name = cursor.getString(cursor.getColumnIndex("name"));
                textName.setText(name);

                // nameをセット
                TextView textValue = (TextView) findViewById(R.id.text_value);
                String value = cursor.getString(cursor.getColumnIndex("value"));
                textValue.setText(value);
            }
            // データベースから切断する
            databaseOpenHelper.close();
        }

        public void onClickEditButton(View v) {
            Bundle extras = getIntent().getExtras();
            long id = extras.getLong("id");

            TextView textName = (TextView) findViewById(R.id.text_name);
            TextView textValue = (TextView) findViewById(R.id.text_value);
            Intent intent = new Intent(this, UpdateActivity.class);
            intent.putExtra("id", id);
            intent.putExtra("name", textName.getText().toString());
            intent.putExtra("value", textValue.getText().toString());
            startActivity(intent);
        }

        @Override
        protected void onStop() {
            super.onStop();
            cursor.close();
        }
    }
```

UpdateActivity.java

```java
package com.example.databasesample;

import android.app.Activity;
import android.content.ContentValues;
import android.content.Intent;
import android.database.sqlite.SQLiteDatabase;
import android.os.Bundle;
import android.text.TextUtils;
import android.view.View;
```

```java
import android.widget.EditText;
import android.widget.Toast;

public class UpdateActivity extends Activity {

    private EditText editName;
    private EditText editValue;
    private long id;

    @Override
    public void onCreate(Bundle savedInstanceState) {
        super.onCreate(savedInstanceState);
        setContentView(R.layout.activity_update);

        editName = (EditText) findViewById(R.id.edit_name);
        editValue = (EditText) findViewById(R.id.edit_value);

        // Intentから値をを取得
        Intent intent = getIntent();
        id = intent.getLongExtra("id", -1);
        String name = intent.getStringExtra("name");
        String value = intent.getStringExtra("value");
        // nameをセット
        editName.setText(name);
        // valueをセット
        editValue.setText(value);
    }

    public void onClickUpdateButton(View v) {
        String name = editName.getText().toString();
        String value = editValue.getText().toString();

        if (!TextUtils.isEmpty(name) && !TextUtils.isEmpty(value)) {
            SampleSQLiteOpenHelper databaseOpenHelper = new SampleSQLiteOpenHelper(this);
            SQLiteDatabase database = databaseOpenHelper.getWritableDatabase();

            // updateデータの設定
            ContentValues values = new ContentValues();
            values.put("name", name);
            values.put("value", value);

            // データを更新する
            long result = database.update(SampleSQLiteOpenHelper.SAMPLE_TABLE, values, "_id=" + id,
                    null);

            databaseOpenHelper.close();
            if (result != -1) {
                Toast.makeText(this, R.string.update_complete, Toast.LENGTH_LONG).show();
                finish();
            }
        }
    }
}
```

```
}
```

activity_detail.xml

```xml
<LinearLayout xmlns:android="http://schemas.android.com/apk/res/android"
    xmlns:tools="http://schemas.android.com/tools"
    android:id="@+id/LinearLayout1"
    android:layout_width="match_parent"
    android:layout_height="match_parent"
    android:orientation="vertical"
    android:paddingBottom="@dimen/activity_vertical_margin"
    android:paddingLeft="@dimen/activity_horizontal_margin"
    android:paddingRight="@dimen/activity_horizontal_margin"
    android:paddingTop="@dimen/activity_vertical_margin"
    tools:context=".DetailActivity" >

    <TextView
        android:layout_width="wrap_content"
        android:layout_height="wrap_content"
        android:text="@string/name" >
    </TextView>

    <TextView
        android:id="@+id/text_name"
        android:layout_width="wrap_content"
        android:layout_height="wrap_content"
        android:textAppearance="?android:attr/textAppearanceMedium" >
    </TextView>

    <TextView
        android:layout_width="wrap_content"
        android:layout_height="wrap_content"
        android:text="@string/value" >
    </TextView>

    <TextView
        android:id="@+id/text_value"
        android:layout_width="wrap_content"
        android:layout_height="wrap_content"
        android:textAppearance="?android:attr/textAppearanceMedium" >
    </TextView>

    <Button
        android:id="@+id/button_edit"
        android:layout_width="match_parent"
        android:layout_height="wrap_content"
        android:onClick="onClickEditButton"
        android:text="@string/edit" >
    </Button>
```

```xml
</LinearLayout>
```

activity_update.xml

```xml
<LinearLayout xmlns:android="http://schemas.android.com/apk/res/android"
    xmlns:tools="http://schemas.android.com/tools"
    android:id="@+id/LinearLayout1"
    android:layout_width="match_parent"
    android:layout_height="match_parent"
    android:orientation="vertical"
    android:paddingBottom="@dimen/activity_vertical_margin"
    android:paddingLeft="@dimen/activity_horizontal_margin"
    android:paddingRight="@dimen/activity_horizontal_margin"
    android:paddingTop="@dimen/activity_vertical_margin"
    tools:context=".UpdateActivity" >

    <TextView
        android:layout_width="wrap_content"
        android:layout_height="wrap_content"
        android:text="@string/name" >
    </TextView>

    <EditText
        android:id="@+id/edit_name"
        android:layout_width="match_parent"
        android:layout_height="wrap_content" >
    </EditText>

    <TextView
        android:layout_width="wrap_content"
        android:layout_height="wrap_content"
        android:text="@string/value" >
    </TextView>

    <EditText
        android:id="@+id/edit_value"
        android:layout_width="match_parent"
        android:layout_height="wrap_content"
        android:inputType="number" >
    </EditText>

    <Button
        android:id="@+id/button_decide"
        android:layout_width="match_parent"
        android:layout_height="wrap_content"
        android:onClick="onClickUpdateButton"
        android:text="@string/update" >
    </Button>

</LinearLayout>
```

strings.xml

```xml
<?xml version="1.0" encoding="utf-8"?>
<resources>

    <string name="app_name">DatabaseSamle</string>
    <string name="action_settings">Settings</string>
    <string name="hello_world">Hello world!</string>
    <string name="search">検索</string>
    <string name="title_activity_result">ResultActivity</string>
    <string name="title_activity_add">AddActivity</string>
    <string name="add">登録</string>
    <string name="add_complete">登録完了</string>
    <string name="name">Name</string>
    <string name="value">Value</string>
    <string name="title_activity_result_list">ResultListActivity</string>
    <string name="empty">データがありません</string>
    <string name="title_activity_detail">DetailActivity</string>
    <string name="title_activity_update">UpdateActivity</string>
    <string name="edit">修正</string>
    <string name="update">更新</string>
    <string name="update_complete">更新完了</string>

</resources>
```

AndroidManifest.xml

```xml
<?xml version="1.0" encoding="utf-8"?>
<manifest xmlns:android="http://schemas.android.com/apk/res/android"
    package="com.example.databasesample"
    android:versionCode="1"
    android:versionName="1.0" >

    <uses-sdk
        android:minSdkVersion="16"
        android:targetSdkVersion="19" />

    <application
        android:allowBackup="true"
        android:icon="@drawable/ic_launcher"
        android:label="@string/app_name"
        android:theme="@style/AppTheme" >
        <activity
            android:name="com.example.databasesample.DatabaseSampleActivity"
            android:label="@string/app_name" >
            <intent-filter>
                <action android:name="android.intent.action.MAIN" />

                <category android:name="android.intent.category.LAUNCHER" />
            </intent-filter>
        </activity>
```

```xml
        <activity
            android:name="com.example.databasesample.ResultActivity"
            android:label="@string/title_activity_result" >
        </activity>
        <activity
            android:name="com.example.databasesample.AddActivity"
            android:label="@string/title_activity_add" >
        </activity>
        <activity
            android:name="com.example.databasesample.ResultListActivity"
            android:label="@string/title_activity_result_list" >
        </activity>
        <activity
            android:name="com.example.databasesample.DetailActivity"
            android:label="@string/title_activity_detail" >
        </activity>
        <activity
            android:name="com.example.databasesample.UpdateActivity"
            android:label="@string/title_activity_update" >
        </activity>
    </application>

</manifest>
```

■ 9.9.1 節「データの削除」

DetailActivity.java

```java
package com.example.databasesample;

import android.app.Activity;
import android.content.Intent;
import android.database.Cursor;
import android.database.sqlite.SQLiteDatabase;
import android.os.Bundle;
import android.view.View;
import android.widget.TextView;
import android.widget.Toast;

public class DetailActivity extends Activity {
    private Cursor cursor;

    @Override
    protected void onCreate(Bundle savedInstanceState) {
        super.onCreate(savedInstanceState);
        setContentView(R.layout.activity_detail);
    }

    @Override
```

```java
    protected void onStart() {
        super.onStart();
        long id = getIntent().getLongExtra("id", -1);

        SampleSQLiteOpenHelper databaseOpenHelper = new SampleSQLiteOpenHelper(this);
        // 読込専用のSQLiteDatabaseオブジェクトを取得する
        SQLiteDatabase database = databaseOpenHelper.getReadableDatabase();

        // 条件検索
        cursor = database.query(SampleSQLiteOpenHelper.SAMPLE_TABLE, null, "_id=" + id, null, null,
                null, null);
        if (cursor != null) {
            cursor.moveToFirst();
            // nameをセット
            // nameをセット
            TextView textName = (TextView) findViewById(R.id.text_name);
            String name = cursor.getString(cursor.getColumnIndex("name"));
            textName.setText(name);

            // nameをセット
            TextView textValue = (TextView) findViewById(R.id.text_value);
            String value = cursor.getString(cursor.getColumnIndex("value"));
            textValue.setText(value);
        }
        // データベースから切断する
        databaseOpenHelper.close();
    }

    public void onClickEditButton(View v) {
        Bundle extras = getIntent().getExtras();
        long id = extras.getLong("id");

        TextView textName = (TextView) findViewById(R.id.text_name);
        TextView textValue = (TextView) findViewById(R.id.text_value);
        Intent intent = new Intent(this, UpdateActivity.class);
        intent.putExtra("id", id);
        intent.putExtra("name", textName.getText().toString());
        intent.putExtra("value", textValue.getText().toString());
        startActivity(intent);
    }

    public void onClickDeleteButton(View v) {
        long id = getIntent().getLongExtra("id", -1);

        SampleSQLiteOpenHelper databaseOpenHelper = new SampleSQLiteOpenHelper(this);
        SQLiteDatabase database = databaseOpenHelper.getWritableDatabase();

        // データを削除する
        long result = database.delete(SampleSQLiteOpenHelper.SAMPLE_TABLE, "_id=" + id, null);
        // データベースから切断する
        databaseOpenHelper.close();
        if (result != -1) {
            Toast.makeText(this, R.string.delete_complete, Toast.LENGTH_LONG).show();
```

```
            finish();
        }
    }

    @Override
    protected void onStop() {
        super.onStop();
        cursor.close();
    }
}
```

activity_detail.xml

```xml
<LinearLayout xmlns:android="http://schemas.android.com/apk/res/android"
    xmlns:tools="http://schemas.android.com/tools"
    android:id="@+id/LinearLayout1"
    android:layout_width="match_parent"
    android:layout_height="match_parent"
    android:orientation="vertical"
    android:paddingBottom="@dimen/activity_vertical_margin"
    android:paddingLeft="@dimen/activity_horizontal_margin"
    android:paddingRight="@dimen/activity_horizontal_margin"
    android:paddingTop="@dimen/activity_vertical_margin"
    tools:context=".DetailActivity" >

    <TextView
        android:layout_width="wrap_content"
        android:layout_height="wrap_content"
        android:text="@string/name" >
    </TextView>

    <TextView
        android:id="@+id/text_name"
        android:layout_width="wrap_content"
        android:layout_height="wrap_content"
        android:textAppearance="?android:attr/textAppearanceMedium" >
    </TextView>

    <TextView
        android:layout_width="wrap_content"
        android:layout_height="wrap_content"
        android:text="@string/value" >
    </TextView>

    <TextView
        android:id="@+id/text_value"
        android:layout_width="wrap_content"
        android:layout_height="wrap_content"
        android:textAppearance="?android:attr/textAppearanceMedium" >
    </TextView>
```

```xml
    <Button
        android:id="@+id/button_edit"
        android:layout_width="match_parent"
        android:layout_height="wrap_content"
        android:onClick="onClickEditButton"
        android:text="@string/edit" >
    </Button>

    <Button
        android:id="@+id/button_delete"
        android:layout_width="match_parent"
        android:layout_height="wrap_content"
        android:onClick="onClickDeleteButton"
        android:text="@string/delete" >
    </Button>

</LinearLayout>
```

strings.xml

```xml
<?xml version="1.0" encoding="utf-8"?>
<resources>

    <string name="app_name">DatabaseSamle</string>
    <string name="action_settings">Settings</string>
    <string name="hello_world">Hello world!</string>
    <string name="search">検索</string>
    <string name="title_activity_result">ResultActivity</string>
    <string name="title_activity_add">AddActivity</string>
    <string name="add">登録</string>
    <string name="add_complete">登録完了</string>
    <string name="name">Name</string>
    <string name="value">Value</string>
    <string name="title_activity_result_list">ResultListActivity</string>
    <string name="empty">データがありません</string>
    <string name="title_activity_detail">DetailActivity</string>
    <string name="title_activity_update">UpdateActivity</string>
    <string name="edit">修正</string>
    <string name="update">更新</string>
    <string name="update_complete">更新完了</string>
    <string name="delete">削除</string>
    <string name="delete_complete">削除完了</string>

</resources>
```

AndroidManifest.xml

```xml
<?xml version="1.0" encoding="utf-8"?>
<manifest xmlns:android="http://schemas.android.com/apk/res/android"
```

```xml
    package="com.example.databasesample"
    android:versionCode="1"
    android:versionName="1.0" >

    <uses-sdk
        android:minSdkVersion="16"
        android:targetSdkVersion="19" />

    <application
        android:allowBackup="true"
        android:icon="@drawable/ic_launcher"
        android:label="@string/app_name"
        android:theme="@style/AppTheme" >
        <activity
            android:name="com.example.databasesample.DatabaseSampleActivity"
            android:label="@string/app_name" >
            <intent-filter>
                <action android:name="android.intent.action.MAIN" />

                <category android:name="android.intent.category.LAUNCHER" />
            </intent-filter>
        </activity>
        <activity
            android:name="com.example.databasesample.ResultActivity"
            android:label="@string/title_activity_result" >
        </activity>
        <activity
            android:name="com.example.databasesample.AddActivity"
            android:label="@string/title_activity_add" >
        </activity>
        <activity
            android:name="com.example.databasesample.ResultListActivity"
            android:label="@string/title_activity_result_list" >
        </activity>
        <activity
            android:name="com.example.databasesample.DetailActivity"
            android:label="@string/title_activity_detail" >
        </activity>
        <activity
            android:name="com.example.databasesample.UpdateActivity"
            android:label="@string/title_activity_update" >
        </activity>
    </application>

</manifest>
```

索引

■ A
Action Items 29
ActionBar 7, 25
Activity 12
　イベント 13
　終了 173
　追加 103
　ライフサイクル 13
Adapter 192, 208
AlertDialog 159
Android 2
Android SDK 8
Android Studio 8
Android アーキテクチャ 9
Android 仮想端末 47
Android プロジェクトの作成 59, 92
Android ランタイム層 10
android.util.Log 111
android.view.View 116
AndroidManifest ファイル 101
API レベル 5
apk ファイルの登録 317
App Icon 28
ArrayAdapter 193
AVD 47

■ B
bindService 15
　ライフサイクル 16
BroadcastReceiver 17
Button 116, 126

■ C
CheckBox 116, 136
Color リソース 121
ContentProvider 19
Cursor 280

■ D
DDMS 110
debug 用の鍵 309

DefaultHttpClient 228
delete 299
Dimension リソース 122

■ E
Eclair 3
Eclipse ADT 8
EditText 124

■ F
finish 173
Fragment 7, 22
　ライフサイクル 23
FrameLayout 147
Froyo 3

■ G
getView 193
Gingerbread 3
GridView 217

■ H
Honeycomb 4
HTTP レスポンスデータ 235
HttpGet 240
HttpResponse 229

■ I
Ice Cream Sandwich 4
_id 260
ImageView 138
insert 274
Intent 20

■ J
Java SDK 8
Jelly Bean 4
JSON 244

■ K
keystore 308
Kitkat 5

■ L
Layout の変更 71

408

索引

LinearLayout 143
Linux カーネル層 10
ListView 192
　　カスタマイズ 200
Lollipop 5

■ M
menu リソース 156

■ O
OESF v
onDestroy 14
onPause 14
onStop 14
OptionMenu 155

■ P
Primary Key 260
ProgressBar 140

■ Q
query 269

■ R
R クラス 81
RelativeLayout 149
RequestCode 181
res/drawable(-Xdpi)/icon.png 64
res/layout/activity_main.xml 64
res/values/colors.xml 65
res/values/dimens.xml 65
res/values/strings.xml 65
res/values/styles.xml 65
RESULT_CANCELED 180
RESULT_OK 181
ResultCode 181

■ S
ScrollView 145
Service 15
　　ライフサイクル 16
Spinner 206
Split Action Bar 27
SQLite 256
sqlite3 266

Stacked Action Bar 26
startService 15
StrictMode 231
SystemBar 7

■ T
TextView 116, 118
Toast 158
tools 属性 82
tools:context 83
tools:ignore 83
tools:layout 83
tools:listfooter 83
tools:listheader 83
tools:listitem 83

■ U
update 293

■ V
View 116
View Details 28
　　追加 72
　　プロパティ 117
ViewGroup 142

■ W
WebAPI 237
　　パラメータ 239

■ X
xml ファイルの直接編集 77

■ あ
アプリケーション層 10
アプリケーションの実行 62
アプリケーションフレームワーク層 10
アプリストア 304
アプリ登録 316
暗黙的 Intent 21, 183
一般公開 322
イベント 128
色情報 65
ウィジェット 116
エミュレータ 47

409

■か

項目	ページ
開発者登録	311
鍵の作成	306
画像の表示	138
画像ファイル	64
画面遷移	164
画面デザイン	192
環境変数の登録	44
行デザイン	192
グラフィカルレイアウトエディタ	66, 68
クリックイベント	128
クリックしたビュー	133
グリッド状に配置	217
警告ダイアログボックス	159
コンテントプロバイダ	19

■さ

項目	ページ
サービス	15
サイズ情報	65
実行制限	231
条件検索	288
署名	310
スクリーンショット	319
スタイル情報	65
スタンダードナビゲーション	28
ストア掲載情報	318

■た

項目	ページ
タブナビゲーション	29
端末のデバッグ設定	53
チェック状態の変更	137
データ	
検索	269
更新	293
削除	299
取得	280
追加	274
データベース	
接続する	261, 268
作成	258
閉じる	261
テーブルの作成	258
テキスト入力	124
テキスト表示	118
デバッグ	109

項目	ページ
統計情報	324
ドロップダウンナビゲーション	29

■な

項目	ページ
ノーティフィケーション	55

■は

項目	ページ
パーミッションの追加	106
バックグラウンド状態	12
パッケージング	305
ビジブル状態	12
フォアグラウンド状態	12
ボタン	126

■ま

項目	ページ
マニフェストファイル	101
メインスレッド	231
メッセージの表示	158
メニューの選択	157
メニューの表示	156
文字列情報	65
文字列表示	118
文字列リソースの変更	84

■ら

項目	ページ
ライフサイクル	
Activity	13
bindService	16
Fragment	23
Service	16
ライブラリ層	10
リスト形式で表示	192
リソースエディタ	66
リソースファイル	64
情報	81
レイアウト情報	64
レスポンスステータス	229
ログの出力	111

■ 著者プロフィール

小林 明大（こばやし あきひろ）

株式会社トップゲート所属。早稲田大学非常勤講師。趣味ではじめた Android が本職となり、どういうわけか講師。現在は OESF 認定トレーナーとして、Android エンジニア教育に従事。その他に、大学、専門学校、高校など教育機関で講師活動も多々有り。その一方現場エンジニアとしても日々奮闘中。本書のレビューを担当してくださった、津田朋子さん、山下武志さん、この場をお借りしてお礼申し上げます。

担当 3 章、5 章、6 章、7 章、9 章

北原 光星（きたはら こうせい）

フリーランスエンジニア。普段はインフラの構築、運用、Python によるサーバサイドの構築が主な業務。移動体通信会社等での勤務を経て、2014 年にフリーランスエンジニアとして独立。常に新しい技術と触れ合うワークスタイルを実践中。現在は、Android、iOS アプリ等マルチデバイスのアナリティクスサービスの開発・運営を行っている。プライベートでは写真撮影、登山に挑戦。テック系コミュニティに支えられて生きています。この場をお借りしてお礼申し上げます。

担当 8 章

竹内 一成（たけうち かずしげ）

某大手メーカー勤務。携帯端末の開発、大規模ネットワーク構築、NF（ネットワーク機能）設計・開発を担当。自動化技術に興味をもち、プロジェクトにおいてはアーキテクト、開発プロセスコンサルタントの立場にて活躍している。個人としても Web サービス開発を実践。それらの知見を元に、世の中にある技術と現場技術を結びつけ、最適なソリューションを実現するように心がけている。趣味は乗馬。

担当 10 章

橋爪 香織（はしづめ かおり）

株式会社チェリービット代表。日本電子専門学校非常勤講師。OCJ-P、Android アプリケーション技術者認定資格（ACE）保有。OESF 認定トレーナー。大手通信機器メーカーにてキャリア向け基幹伝送装置のハード開発、VoIP、Web アプリ、Android 関連のソフトウェア開発を経て起業。現在 Android 研修、Android アプリ受託開発の他に IT 系技術者育成、および未来のエンジニア育成のための教育プログラムなどを開発している。

担当 2 章、4 章

山本 昭弘（やまもと あきひろ）

株式会社トップゲート所属。主に Android、iPhone、GoogleAppEngine を使ってのシステム開発を行っており、プログラマからプロジェクトマネージャまでなんでもこなす。妻が両下肢麻痺の障害者なので、一人で家事育児介護もする。今回の執筆でお世話になった長江みい子さん、佐藤みとさん、民部佳代さん、佐久間直樹さん、佐久間ひかりちゃんと、愛する二人の子供達に感謝を伝えたい。そして、病と戦いながらも、いつも私を励ましてくれる妻へ。

担当 1 章、2 章

Android アプリ開発入門者のための教本
人気講師のコースがそのまま 1 冊に!

2015 年 1 月 10 日　　初版第 1 刷発行

著　者	小林 明大／北原 光星／竹内 一成／橋爪 香織／山本 昭弘	
発行人	石塚 勝敏	
発　行	株式会社 カットシステム	
	〒 169-0073　東京都新宿区百人町 4-9-7　新宿ユーエストビル 8F	
	TEL　(03)5348-3850　　　FAX　(03)5348-3851	
	URL　http://www.cutt.co.jp/	
	振替　00130-6-17174	
印　刷	シナノ書籍印刷 株式会社	

本書に関するご意見、ご質問は小社出版部宛まで文書か、sales@cutt.co.jp 宛に
e-mail でお送りください。電話によるお問い合わせはご遠慮ください。また、本書の内
容を超えるご質問にはお答えできませんので、あらかじめご了承ください。

■ 本書の内容の一部あるいは全部を無断で複写複製(コピー・電子入力)することは、法律で認められた
場合を除き、著作者および出版者の権利の侵害になりますので、その場合はあらかじめ小社あてに許
諾をお求めください。

© 2014 小林 明大／北原 光星／竹内 一成／橋爪 香織／山本 昭弘
Cover design　Y.Yamaguchi
Printed in Japan　ISBN978-4-87783-351-0